新版 なぞとき恐竜大行進 10

たかしよいち 文
中山けーしょー 絵

パキケファロサウルス

石頭と速い足でたたかえ！

理論社

もくじ

←この角をパラパラめくると
ページのシルエットが動くよ。

ものがたり

ボスはおれだ！

ジャンボとデカのたたかい

「ゴーッ！　ゴゴゴゴーッ！」
かん高《だか》い声《こえ》に、そいつは目《め》がさめた。
パキケファロサウルス……したをかみそうな
名《な》まえの、わかいきょうりゅうだ。
りゃくして「パキケ」とよぶことにしよう。
パキケは体《からだ》をおこし、声《こえ》のするほうへ
目《め》を向《む》けた。

「………!?」

はげちょろの岩山《いわやま》に、なかまがみんな集《あつ》まっている。

おとなたちが、さかんにさわぎたて、子《こ》どもたちも、行《い》ったり来《き》たり。

なにごとかおきたらしい。

なまけんぼうで、ねむりんぼうのパキケは、あわててなかまたちのほうへ、かけだした。

木立《こだ》ちのほとんどない、はげちょろ岩山《いわやま》のくぼみに、二〇頭《とう》ほどのなかまたちが、ぐるりととりかこんでいた。

そのどまん中《なか》に、二頭《とう》のおすが、たがいに、
にらめっこをしながら、相手《あいて》のようすを
うかがっていた。
大《おお》きいほうがボスのジャンボ。その相手《あいて》の、
でっかち頭《あたま》は、このごろめきめき力《ちから》を
つけてきた、わかいおすのデカだ。
「ゴッ！　ゴゴゴ！（やれやれっ、
ぶっとばせーっ！）」
まわりから声《こえ》がおきた。
そのしゅんかん、にらめっこを

つづけていたデカが、ぐんと
頭《あたま》をさげて、ジャンボのほうへ
とっしんした。
ジャンボも、さっと頭《あたま》を
さげて、おもいっきり
前《まえ》にとんだ。
ガチーン！

二つの頭《あたま》は、音《おと》をたててぶつかりあった。そして、二頭《とう》は頭《あたま》をつきあわせたまま、たがいに足《あし》をふんばった。

じりじりじりっ！

ジャンボは力《ちから》いっぱい、相《あい》手《て》をおした。だが、デカもまけてはいない。

少《すこ》しずつ、あとずさりをしながらも、なんとかおしかえそうと、けんめいだ。

「クワーッ！（やめて！）」

「クワーッ！（やめてーっ！）」

めすたちが、さかんにがなりたてた。

子《こ》どもたちは、めすのまわりをうろちょろしながら、二頭《とう》のおすのたたかいを、こわごわ見《み》つめていた。

「ゴゴゴッ！　ゴッ！（やれやれ、やっちまえーっ！）」

わかいおすたちは、いいかげんんだ。

たたかっているボスとデカの、どちらをおうえんするというのでもなく、おもしろ半分《はんぶん》にヤジをとばしている。

「ゴゴーッ！（やっちまえーっ！）」

あとからかけつけたパキケも、おすたちにまじってさけんだ。もうねむけなんか、いっぺんにふっとんでしまった。

はじめは、じりじりとあとずさりしていたデカは、しばらくすると、こんどはぎゃくに、ジャンボをおしかえした。

ジャンボにくらべて、デカはわかい。そのわかい力《ちから》がものをいった。

（まさか？）

と、ジャンボも、いささかあわてた。

いつのまに、こんなに力《ちから》をつけやがったんだ！こんなへなちょこめにまけてたまるか。ボスの座《ざ》をうばわれてたまるもんか！　そんな思《おも》いが、ジャンボの

体《からだ》をかけめぐった。

ジャンボは、さいごの力《ちから》をふりしぼって、おしかえした。

だが、相手《あいて》はぐんと足《あし》をふんばり、おしかえしてきた。

そのときをねらって、ジャンボは、さっと、

体《たい》を横《よこ》にひらいた。

ドドドーッ！

13 ボスはおれだ！

デカは、前《まえ》のめりにつんのめった。その横《よこ》っぱらに、ジャンボの石頭《いしあたま》が、ガツーンと、とんできた。

「クワーッ！」

デカはひめいをあげた。

ドーン！　ドーン！　ドーン！

つづけざまの頭《ず》つきが、さすがのデカをまいらせた。

デカは、はらばいになり、ゼーゼーゼーと苦《くる》しい息《いき》をはいた。

「クワーッ！（どうだ、まいったか！）」

ジャンボは、デカの頭《あたま》を前足《まえあし》でおさえ、

高《たか》らかに、勝《か》ち名《な》のりをあげた。

「クワーッ！　クワーッ！（やった、やったあ！）」

まわりをかこんだなかまたちは、それにこたえるように、いっせいにさわぎたてた。

めすたちは、ジャンボのまわりにかけよった。

それぞれのめすは、ジャンボの鼻《はな》に自分《じぶん》の鼻《はな》をくっつけて、ボスの勝利《しょうり》をいわった。

（これからも、あんたのおよめさんでいるわよ）

という、しるしのあいさつだ。

ボスのジャンボは、まんざらでもないといったようすで、目《め》を細《ほそ》め、めすのあいさつをうけた。

そのすきにデカは、地《じ》べたをはうようにして、こそこそにげだした。なかまの目《め》をさけるようにして、岩山《いわやま》をおり、しげみの中《なか》に、すがたをくらました。

なんてこった！ そのようすを見《み》ながら、パキケはなんだか、さみしい思《おも》いにかられた。

「クワーッ！（どうだ。おれにさからって、めすに手《て》を

出《だ》したやつは、みんなあいつのような目《め》にあうんだぞ！）」

とでもいうように、ジャンボは、まわりをかこんだなかまたちを見《み》まわして、ひときわ大《おお》きな声《こえ》でほえた。

ジャンボのさいご

あれっきり、どこへ行《い》ったのか、デカのすがたは見《み》えない。

ボスにさからったやつは、なかまはずれになり、いずれ、肉食《にくしょく》きょうりゅうのえじきになるのが、おちだ。

きょうも、なかまをしたがえたボスのジャンボは、

ゆうゆうと、先頭《せんとう》を歩《ある》いていく。おいしい草《くさ》のある場所《ばしょ》をめざし、めすをひとりじめしながら、歩《ある》いていく。

パキケは、そんなボスを横目《よこめ》で見《み》ながら、なかまにまじって歩《ある》いた。

（ああ、おれだっておよめさんがほしい）

パキケはこのごろ、しきりにそんなことを思《おも》うようになった。

だが、もしめすに近《ちか》づいたりしようものなら、それこそジャンボの頭《ず》つきをくらい、ひどいめにあうだろう。およめさんがほしけりゃ、ジャンボに勝《か》つことだ。

ジャンボに勝《か》つためには、ジャンボにまけない頭《ず》つきの力《ちから》を持《も》つことだ。そうなんだ。自分《じぶん》の頭《あたま》を、どんなやつにもまけない、がんじょうな石頭《いしあたま》にすることだ。パキケは、やっとそのことに気《き》がついた。

なまけもので、ねむりんぼうのパキケは、もう
なまけてなんかいない。いつまでも、
ねむりんぼうでばかりはいない。
コーン！　コーン！　コーン！
まだ、なかまのだれもおきていない、
うすぐらい朝《あさ》、森《もり》の中《なか》で、そんな
音《おと》がきこえてきた。
朝《あさ》もやをすかしてよく見《み》ると、
それはなんと、パキケだ。
パキケは、大《おお》きな木《き》のみきに、

自分《じぶん》の頭《あたま》をぶっつけて、頭《ず》つきのまっさいちゅう。

カーン！

頭《あたま》をぐんとさげ、せいいっぱい、木《き》のみきに頭《あたま》をうちつけたしゅんかん、パキケの目玉《めだま》から火花《ひばな》がちる。頭《あたま》の中《なか》が、くらくらっとして、息《いき》もとまるほどだ。

だが、パキケはひるまない。

石頭《いしあたま》！　石頭《いしあたま》！　石頭《いしあたま》！　なんとしてもボスのジャンボをうちまかす、強力《きょうりょく》な石頭《いしあたま》にきたえなきゃならんのだ。

カーン！　カーン！　カーン！

なかまたちが、あさねをしているときも、ひるねをしているときも、パキケはひとりだけで、頭《ず》つきのれんしゅうにせいいを出《だ》した。

そんなある日《ひ》、まるでふってわいたように、おそろしいできごとが、おきた。

ボスのジャンボが、肉食《にくしょく》きょうりゅうのあばれんぼう、ゴルゴサウルスにおそわれたのだ。

その日《ひ》は、うだるようなあつさだった。

食事《しょくじ》がすんで、なかまたちは川《かわ》へはいって、体《からだ》をひやしていた。もちろんパキケもいた。

ボスのジャンボは、そんなあいだじゅうも、見《み》はらしのよい高《たか》いところで、見《み》はりをしていた。いつなんどき、おそろしい肉食《にくしょく》のきょうりゅうがおそってこないともかぎらないからだ。

でもその日《ひ》は、あまりのあつさと、食事《しょくじ》のあとの、ゆったりとした気分《きぶん》のためにジャンボも気《き》がゆるんでいた。

「グワァーッ！」

という、するどいジャンボの声《こえ》で、
水遊《みずあそ》びをしていたパキケは、
びっくりして、声《こえ》のするほうを見《み》た。
首《くび》から血《ち》を流《なが》したボスのジャンボが、
こちらを向《む》き、よろよろしながら、
にげてくる！

そのうしろを、あばれんぼうの
ゴルゴサウルスが、すさまじい
かっこうで、追《お》っかけてくるのだ。

「コッココココ……（早《はや》く、早《はや》く、早《はや》く……）」
なかまは、みんな大声《おおごえ》をあげ、ジャンボをよんだ。
めすたちはおろおろしながら、さわぎあった。
ザブーン！　ジャンボは、力《ちから》をふりしぼって、
おもいっきり、川《かわ》の中《なか》にとびこんだ。
もうひと息《いき》で、ジャンボをしとめたはずの
ゴルゴは、川《かわ》を見《み》て、はっと立《た》ちすくんだ。
ゴルゴは大《だい》の水《みず》ぎらいだ。
パキケたちは、いそいで
川《かわ》の中《なか》のジャンボを助《たす》けた。

「クワクワーッ！（ばかもの、出《で》てうせろ！）」

みんなで、あばれんぼうのゴルゴに向《む》かってさけんだ。

「ガオーッ！（ちくしょうめ！　おぼえてろ！）」

ゴルゴはくやしそうに、川《かわ》の中《なか》のみんなに向《む》かってほえた。だが、どうしようもなく、

すごすごと、その場《ば》を立《た》ちさっていった。

川《かわ》の中《なか》にとびこんだジャンボのきずは、とてもひどかった。ゴルゴに首《くび》ねっこをかまれて、もう息《いき》もたえだえだった。

ゴルゴが立《た》ちさったあと、
きしべにはいあがった
ジャンボは、苦《くる》しそうにうめいた。
めすたちは、しんぱいそうに
ジャンボのそばによりそい、クークークー
とないた。

でも、だれにも、どうすることもできない。
夕《ゆう》ぐれがせまり、あたりが暗《くら》くなりはじめた
とき、ジャンボは、なかまの見守《みまも》るなかで死《し》んだ。
なんともあわれな、ジャンボのさいごだった。

新《あたら》しいボス

夜《よ》が明《あ》けた。

クワーッ！（おれだ！）

というその声《こえ》に、パキケは目《め》がさめた。

「グァ！（わぁっ！）」

パキケだけではない、目《め》をさましたみんなも、

いっせいに、自分《じぶん》の目《め》をうたぐった。

なぜって、ジャンボとのたたかいにやぶれ、

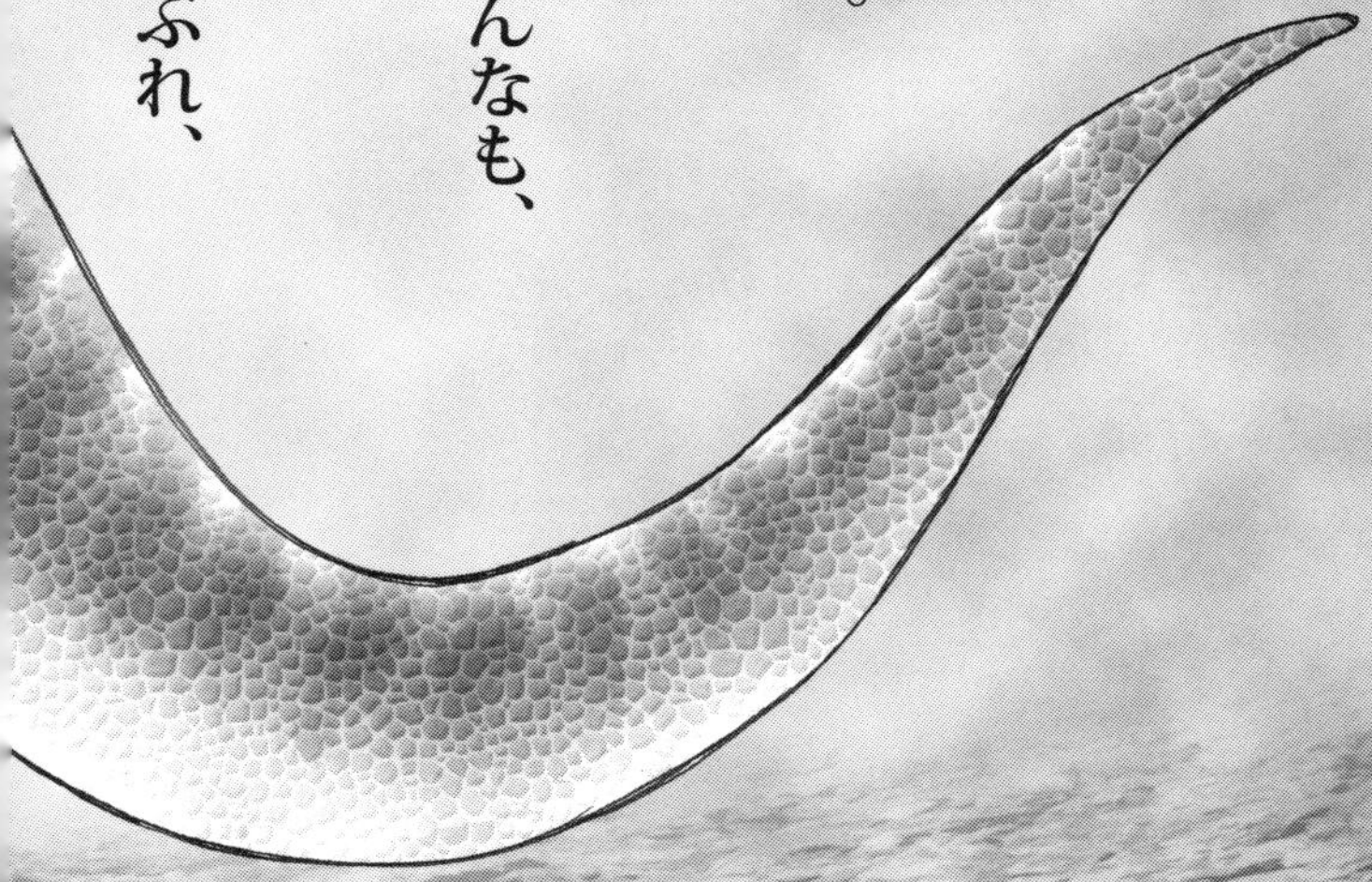

どこへともなく消《き》えた、あのデカが
そこにいたからだ。

デカは、あのときより体《からだ》もひとまわり大《おお》きく、いっそうたくましくなっていた。

「グワッ、グワッ、グワッ、グワ（まさか、おれをおぼえてねえとはいわせねえぜ）」

デカは、びっくりしているなかまたちを、ギラリ！と、するどい目《め》でにらんだ。

「クワーッ！（さあ、どいつでもいいぜ、もんくがあるなら、かかってこい！）」

デカは、もうボスにでもなったように、すっかりいばりちらし、するどい声《こえ》でさけんだ。

その声《こえ》をきいただけで、おすたちはふるえあがった。

だれも、相手《あいて》になろうというものはいない。

「グァー（きょうから、おれがおめえらのボスだ）」

そういいながらデカは、ふるえあがっている
めすのほうへ、ゆっくりと近《ちか》よっていった。

そしてめすの鼻先《はなさき》に、自分《じぶん》の鼻《はな》をくっつけてきた。

「カァ！（助《たす》けてーっ！）」

めすはひめいをあげた。そのしゅんかんだ。

「グァーッ！（おれが相手《あいて》だ！）」

パキケが立《た》ちあがり、デカに向《む》かってさけんだ。

「グォー！（なんだと、わかぞう。おれさまに向《む》かって、そんなことばをはいていいのかい！）」

パキケはそれにはこたえず、ドドドドーッと足《あし》ばやに、岩場《いわば》のほうへ走《はし》った。そのあとをデカが追《お》った。

かつてジャンボとデカとがあらそった、いんねんの岩場《いわば》をめざし、パキケはのぼっていった。

二頭《とう》のあとに、なかまたちがつづいた。

パキケとデカは、まるでリングにのぼったボクサーのように、たがいににらみあったまま、いっしゅんのすきをねらった。

37 ボスはおれだ！

なかまたちはいつかのように、そのまわりをかこんだ。

「ゴーッ！　ゴゴゴ！（やれっ！　やっちまえーっ！）」

おすの一頭《とう》がさけんだ。

それはまるで、リング上《じょう》になりひびく試合開始《しあいかいし》のゴングだ。

パキケとデカは、パッと大地《だいち》をけってとっしんした。

ガツーン！

二頭《とう》のおでこは、火花《ひばな》をちらしてぶつかりあった。

いっしゅん、パキケの頭《あたま》の中《なか》はまっ暗《くら》になった。もし、パキケが、朝夕《あさゆう》に森《もり》の中《なか》で、頭《ず》つきのもうれんしゅうをしていなかったら、このいっしゅんで勝負《しょうぶ》がついたかもしれない。

それほどデカの頭《ず》つきは、きょうれつだった。

それもそのはず、ジャンボにやぶれ、ひとりぼっちになったデカは、肉食《にくしょく》きょうりゅうのしゅうげきにおびえながらも、ジャンボへのふくしゅうにもえ、頭《あたま》をきたえ、体《からだ》をきたえてきた。

そのデカも、パキケの石頭《いしあたま》におどろいたようだ。

（なんてやつだ。こいつめ、ゆだんはできないぞ）

二頭《とう》は、頭《あたま》をつけあったまま、ひっしにおしあった。

ずるずるずる……とデカはあとずさりをした。それほど、パキケの力《ちから》はすごかった。

（まけてたまるか。こんなわかぞうに！）
デカはぐいっと足《あし》をふんばり、おしかえした。
でもパキケは、びくともしないどころか、ぐん、
とおしかえしてきた。
（いまだ！）
デカは、かつてジャンボが自分《じぶん》とのたたかいで
やったように、相手《あいて》の力《ちから》をりようして、さっと体《たい》を
ひらいた。
だがパキケは、一歩《ぽ》、二歩《ほ》、前《まえ》に出《で》ただけで、
ぐいと足《あし》をふんばり、みごとに体《からだ》をささえた。

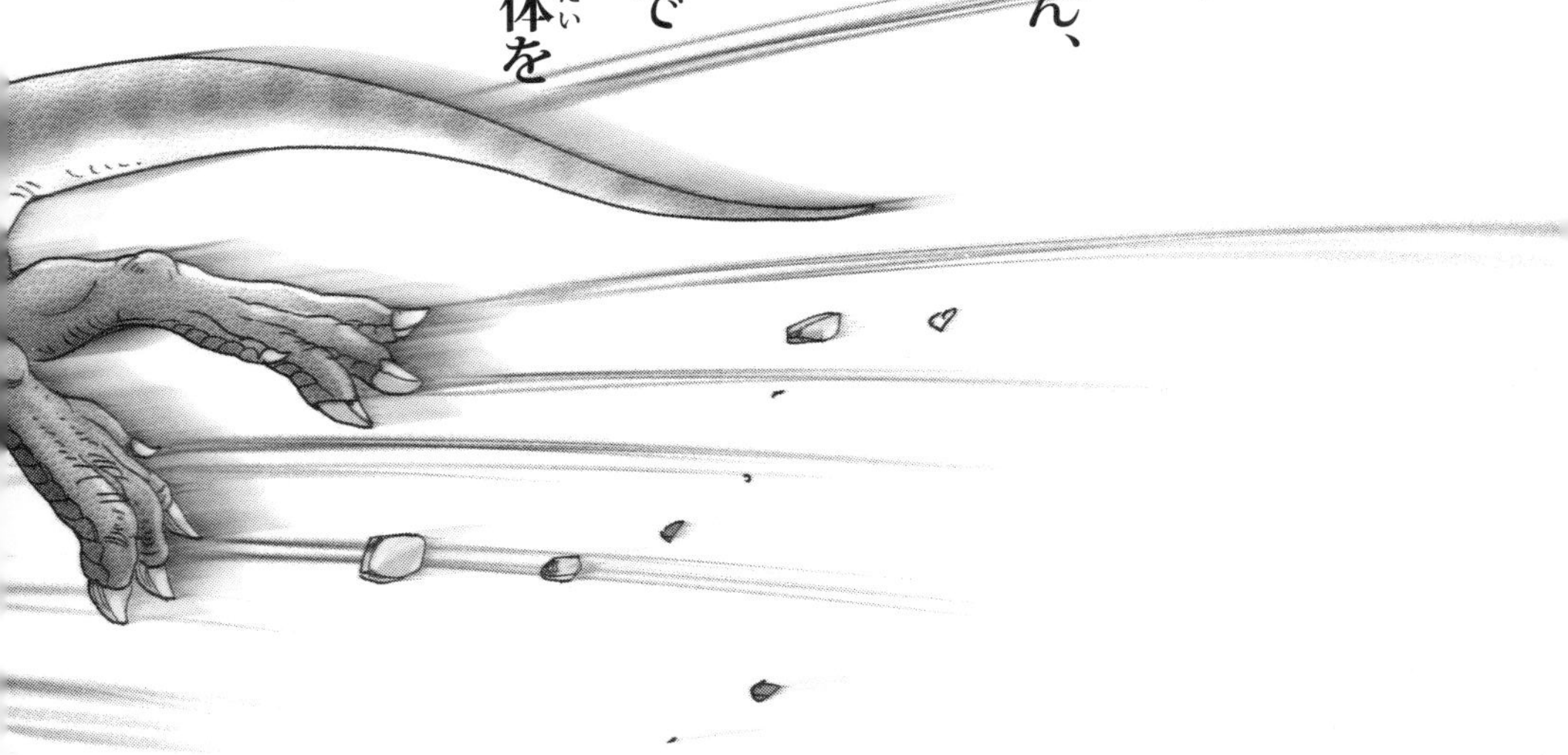

そして、いっしゅんひるんだデカの頭《あたま》めがけて、力《ちから》いっぱい自分《じぶん》の石頭《いしあたま》をぶっつけた。

ガツーン！

二頭《とう》の頭《あたま》は、ふたたびはげしくぶつかった。

だが、もうデカにはいきおいがなかった。

パキケの、もうれつな頭《ず》つきをくらったデカの頭《あたま》は、プシュッ！　と空気《くうき》のぬけたような音《おと》をたて、赤《あか》い血《ち》がふき出《だ》した。

あれほどがんじょうだったデカの石頭《いしあたま》も、パキケの頭《ず》つきをくらったしゅんかんに、はかいされたのだ。かたい

石頭《いしあたま》にひびがはいり、たいせつな脳《のう》がこわれてしまったのだ。

「クーッ！」

デカの目《め》はうつろになり、口《くち》からあわをふき、ドターッ！

とくずれるように、体《からだ》を地《じ》べたになげだした。

そして、ひくひくひくと手足《てあし》をふるわせながら、そのまま、

息《いき》がたえてしまった。

「ゴッゴッゴッゴッ！（やった、やったあ！）」

まわりから、なかまたちの大《だい》かん声《せい》がわきおこった。

あまりにもあっけない勝負《しょうぶ》に、パキケはただぼんやりして、たおれた相手《あいて》を見《み》つめたまま、立《た》ちつくしていた。

めすたちがいっせいにかけよってきて、パキケに体《からだ》をすりよせた。

「クゥ、クゥ、クゥ！（なんてすばらしいの、わたしはもう、きょうからあなたのおよめさんですよ）」

めすたちは、そんなことをさけび、われさきに、パキケの鼻先《はなさき》に自分《じぶん》の鼻《はな》をすりつけてきた。

そのときになってパキケは、はじめて自分《じぶん》が、デカに勝《か》ったことを知《し》った。

「クェー！（おれは勝《か》った。勝《か》ったぞーっ！）」

パキケは、血《ち》を流《なが》してたおれたデカの頭《あたま》をふんづけ、勝《か》ち名《な》のりをあげた。

「クワクワーッ！（ばんざーい！）」

なかまたちは、みんなで大声《おおごえ》をあげ、パキケのまわりを、すなけむりをあげて走《はし》りまわった。

（ああ、おれは、とうとうボスになったんだ。あんなにほしかったおよめさんも、おれのものになった）

パキケの体《からだ》の中《なか》に、わくわくするようなよろこびが、わきあがってきた。

パキケは、めすたちの鼻《はな》のあいさつをうけながら、なんともうれしい気分《きぶん》だった。

「クヮ、クヮ、クヮ（さあ、ものども、これからおいしい朝《あさ》めしを食《た》べようではないか。おれについて来《こ》い！）」

かつて、ジャンボがさけんでいた、
そのとおりを、パキケは声高《こえたか》らかにさけんだ。
そして、はればれとした顔《かお》で、自分《じぶん》が
先頭《せんとう》になって、おいしい草《くさ》のある
しげみに向《む》かって岩場《いわば》をかけおりた。
なかまたちも、新《あたら》しいボス、
パキケのあとにつづいて、
いっせいに岩場《いわば》をかけていった。
空《そら》には朝《あさ》の太陽《たいよう》が、キラキラとかがやいている。

なぞとき
石頭《いしあたま》のきょうりゅうたち

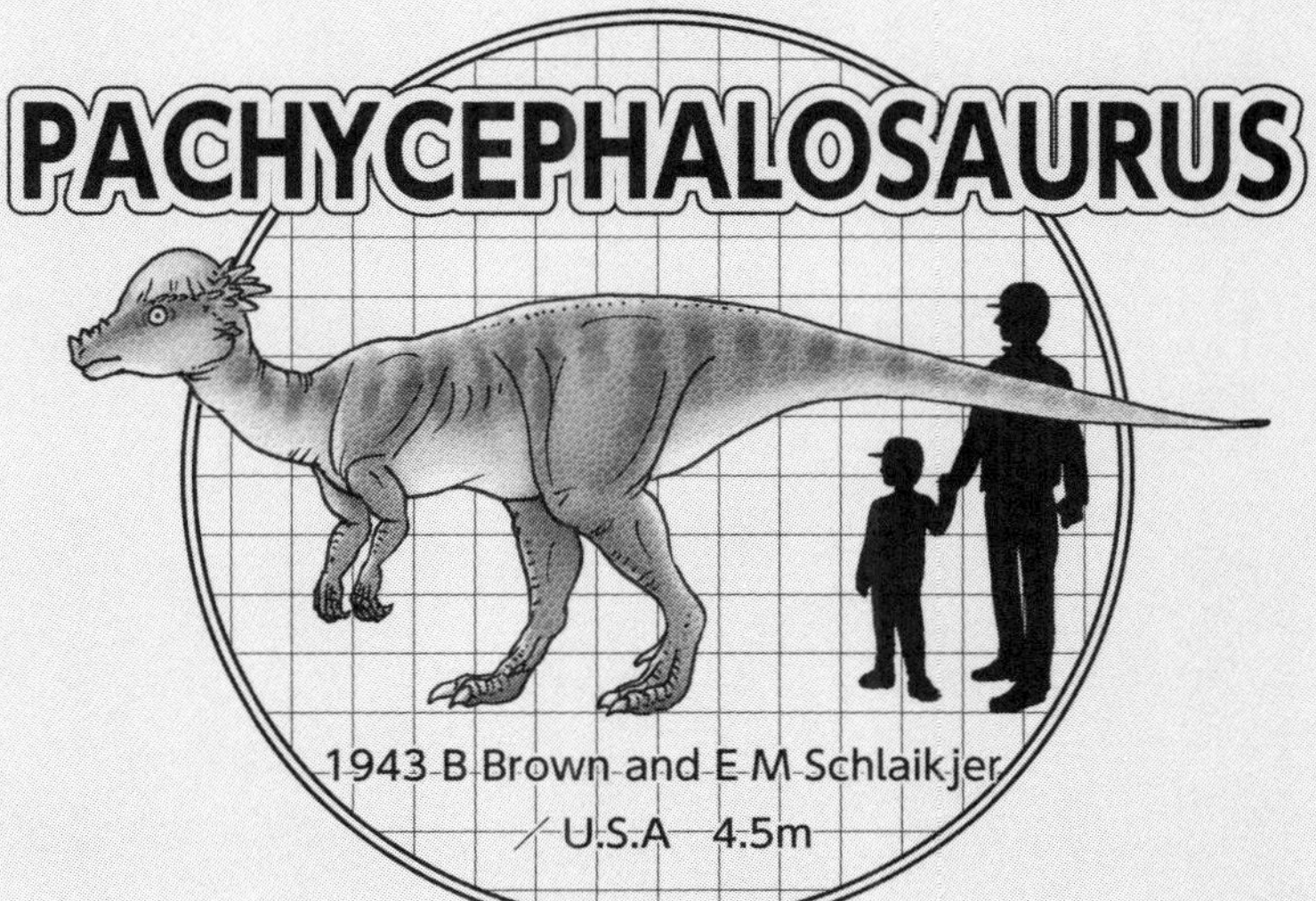

鳥《とり》の腰《こし》を持《も》ったきょうりゅう

「パキケファロサウルス」なんて、とてもよびにくい名《な》まえのこのきょうりゅうは、「ぶあつい頭《あたま》を持《も》ったトカゲ」という意味《いみ》です。むずかしい古生物学《こせいぶつがく》の用語《ようご》では「堅頭竜類《けんとうりゅうるい》」とよんでいます。まさしく「かたい頭《あたま》」ということですね。

ものがたりにもあったように、パキケファロサウルスは、そのかたい頭《あたま》をぶっつけあっ

堅頭竜類《けんとうりゅうるい》の化石《かせき》が見《み》つかった場所《ばしょ》

て、ケンカをしたのではないかと考《かんが》えられています。

もっとも、だれも見《み》たものはいないわけで、はたして、かたい頭《あたま》をぶっつけあったかどうかはわかりませんし、ぶっつけあうほどかたくはなかった、という説《せつ》もあります。

これからの新《あたら》しい発見《はっけん》によって明《あき》らかになることでしょうが、わたしはいまのところ、頭《ず》つき説《せつ》を支持《しじ》します。

パキケファロサウルスは、いまからおよそ七千万年前《せんまんねんまえ》ごろの中生代《ちゅうせいだい》「白亜紀後期《はくあきこうき》」とよ

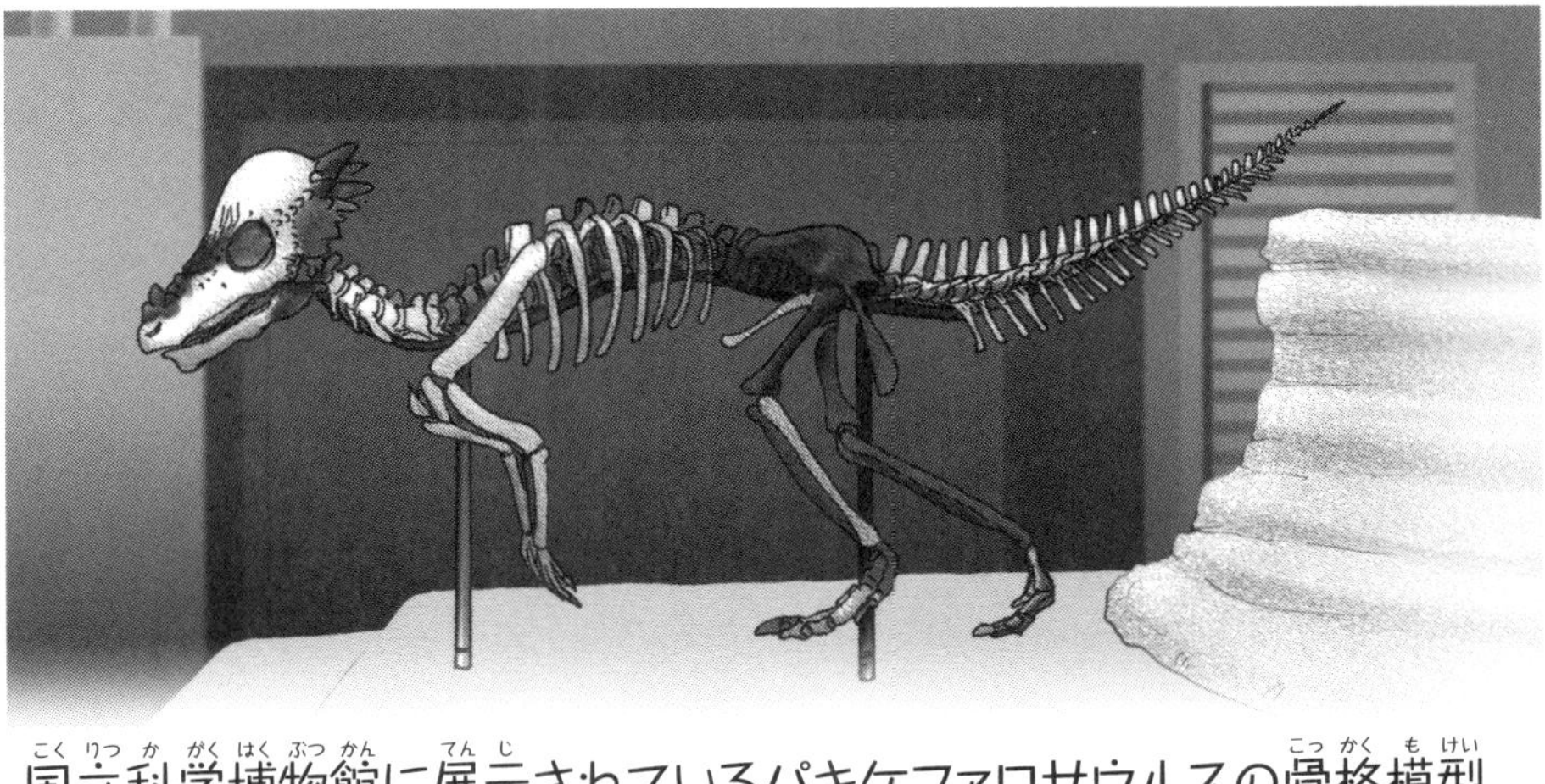

国立科学博物館《こくりつかがくはくぶつかん》に展示《てんじ》されているパキケファロサウルスの骨格模型《こっかくもけい》

ばれる時代《じだい》にすんでいました。

これまでに、北《きた》アメリカとカナダから化石《かせき》が発見《はっけん》されています。

体《からだ》の大《おお》きさは、四メートルから八メートルくらいで、きょうりゅうのグループでいうと、おもにうしろ足《あし》だけで歩《ある》きまわる「鳥盤目《ちょうばんもく》」のなかまです。

「鳥《とり》の腰《こし》」つまり、いまの鳥《とり》に似《に》た腰《こし》のかたちをしていて、尾《お》で体《からだ》をささえ、歩《ある》いたり走《はし》ったりするときは、尾《お》を地面《じめん》から持《も》ちあげました。

つの大《おお》きなグループに分《わ》けられます

＜竜盤目《りゅうばんもく》＞

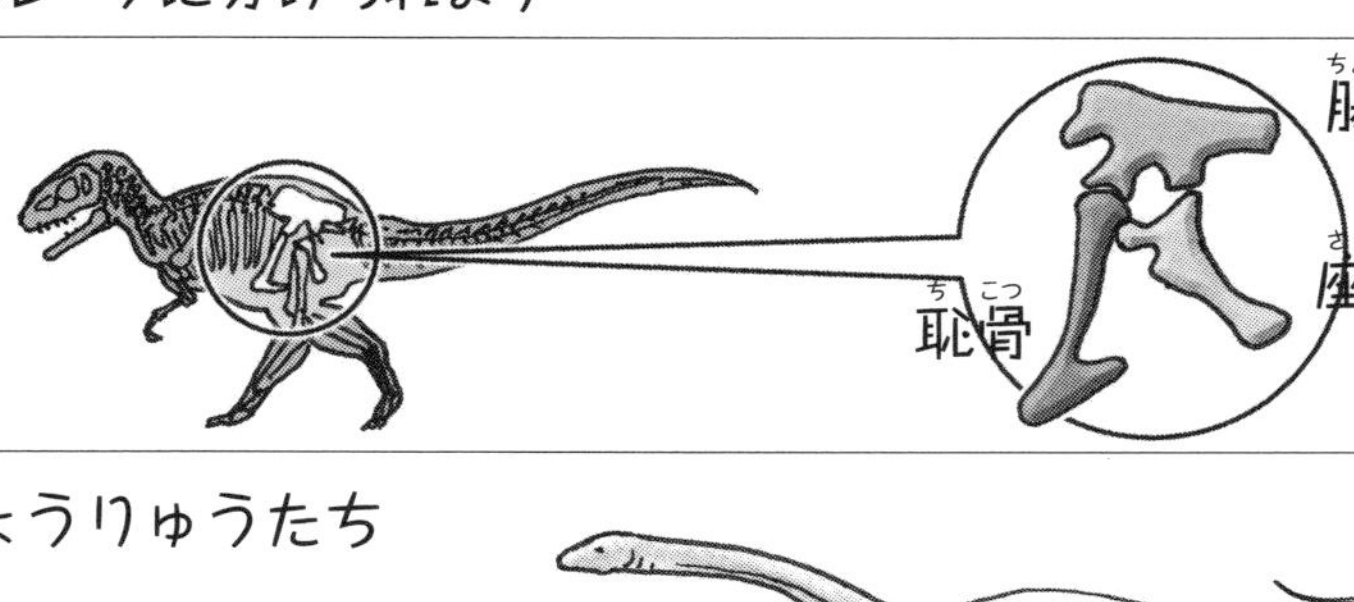

竜盤目《りゅうばんもく》のきょうりゅうたち

体《からだ》つきは、わりと身《み》がるで、ほかのきょうりゅうにくらべて、かなり速《はや》く走《はし》れたのではないか、と考《かんが》えられています。

このなかまのほとんどは草食性《そうしょくせい》で、このシリーズでは『メガロサウルス』の巻《かん》に、イグアノドンが登場《とうじょう》します。また、『パラサウロロフス』の中《なか》に、頭《あたま》にパイプのようなとさかを持《も》ち、かつて「忍者《にんじゃ》きょうりゅう」のニックネームでよばれたカモノハシきょうりゅうも出《で》てきます。

鳥盤目《ちょうばんもく》と竜盤目《りゅうばんもく》 きょうりゅうは腰《こし》の骨《ほね》の形《かたち》で、「鳥盤目《ちょうばんもく》」・「竜盤目《りゅうばんもく》」という、

＜鳥盤目《ちょうばんもく》＞

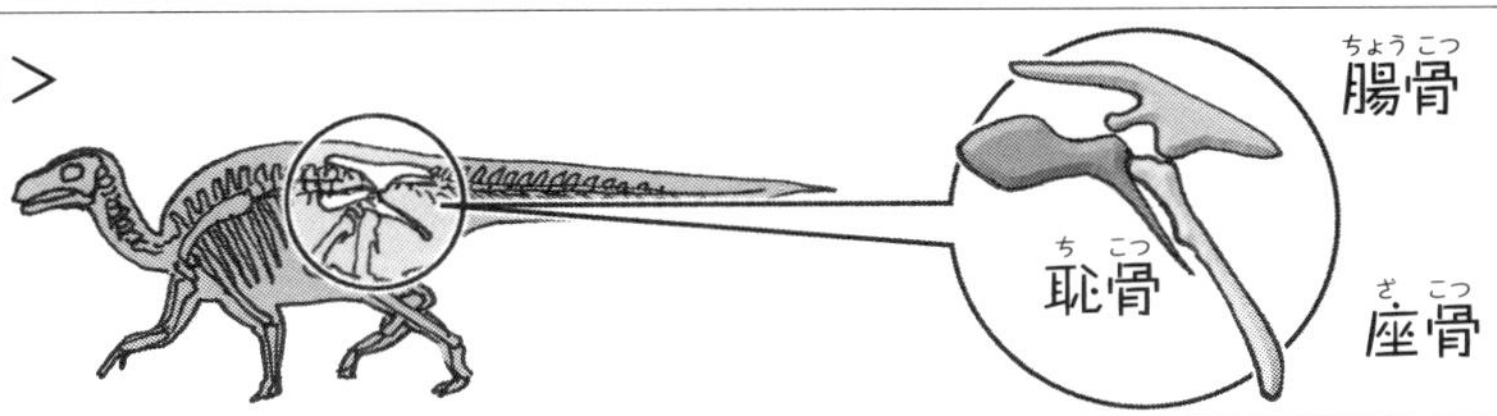

鳥盤目《ちょうばんもく》のきょうりゅうたち

ふしぎな頭《あたま》

さて、パキケファロサウルスに話《はなし》をもどしましょう。

体《からだ》つきは、ほかの鳥盤目《ちょうばんもく》のきょうりゅうとさほど大《おお》きくちがったところはありません。ちがっているのは、その頭《あたま》です。

パキケファロサウルスの頭骨《とうこつ》は、口先《くちさき》から頭《あたま》のうしろまで、およそ六〇センチメートルほどでした。

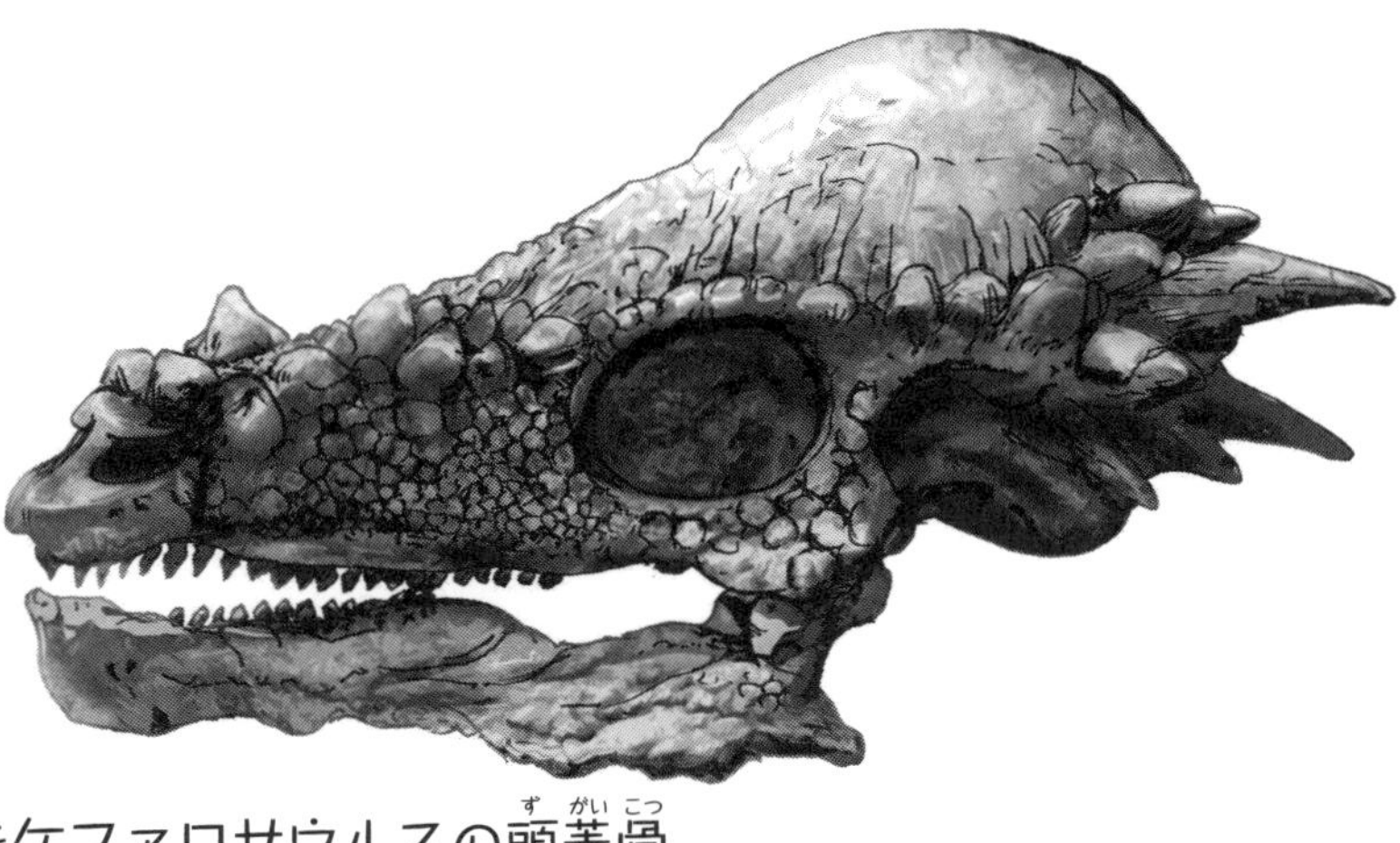

パキケファロサウルスの頭蓋骨《ずがいこつ》

頭《あたま》は約《やく》二五センチメートルもある、ぶあつい骨《ほね》でおおわれており、さらに、頭《あたま》のふちや前《まえ》のほうに、たくさんのコブのような骨《ほね》がついていました。

そんなわけで、頭《あたま》の中《なか》、つまり脳《のう》みそは、なんと、ニワトリのタマゴほどの大《おお》きさしかありませんでした。

そんな小《ちい》さな脳《のう》みそで、よくもまあ、大《おお》きな体《からだ》をうごかして、生《い》きていくことができたものですね。

そのへんのところは、大《おお》きななぞとされて

断面図《だんめんず》

脳《のう》が収《おさ》まっていた部分《ぶぶん》

います。

なにしろ、二五センチメートルもの厚《あつ》みのある頭《あたま》の骨《ほね》を持《も》ったきょうりゅうは、ほかにはいません。

まさしく「石頭《いしあたま》きょうりゅう」の名《な》まえにふさわしい頭《あたま》です。

鼻《はな》の上《うえ》には、ゴツゴツした、みじかいとげがありました。

口先《くちさき》はとがっていて、植物《しょくぶつ》をくいちぎる役《やく》目《め》をしただろう、といわれています。

茎《くき》や木《こ》の葉《は》、ときには木《き》の実《み》なども食《た》べた

堅頭竜《けんとうりゅう》は角竜《つのりゅう》に近《ちか》いグループです

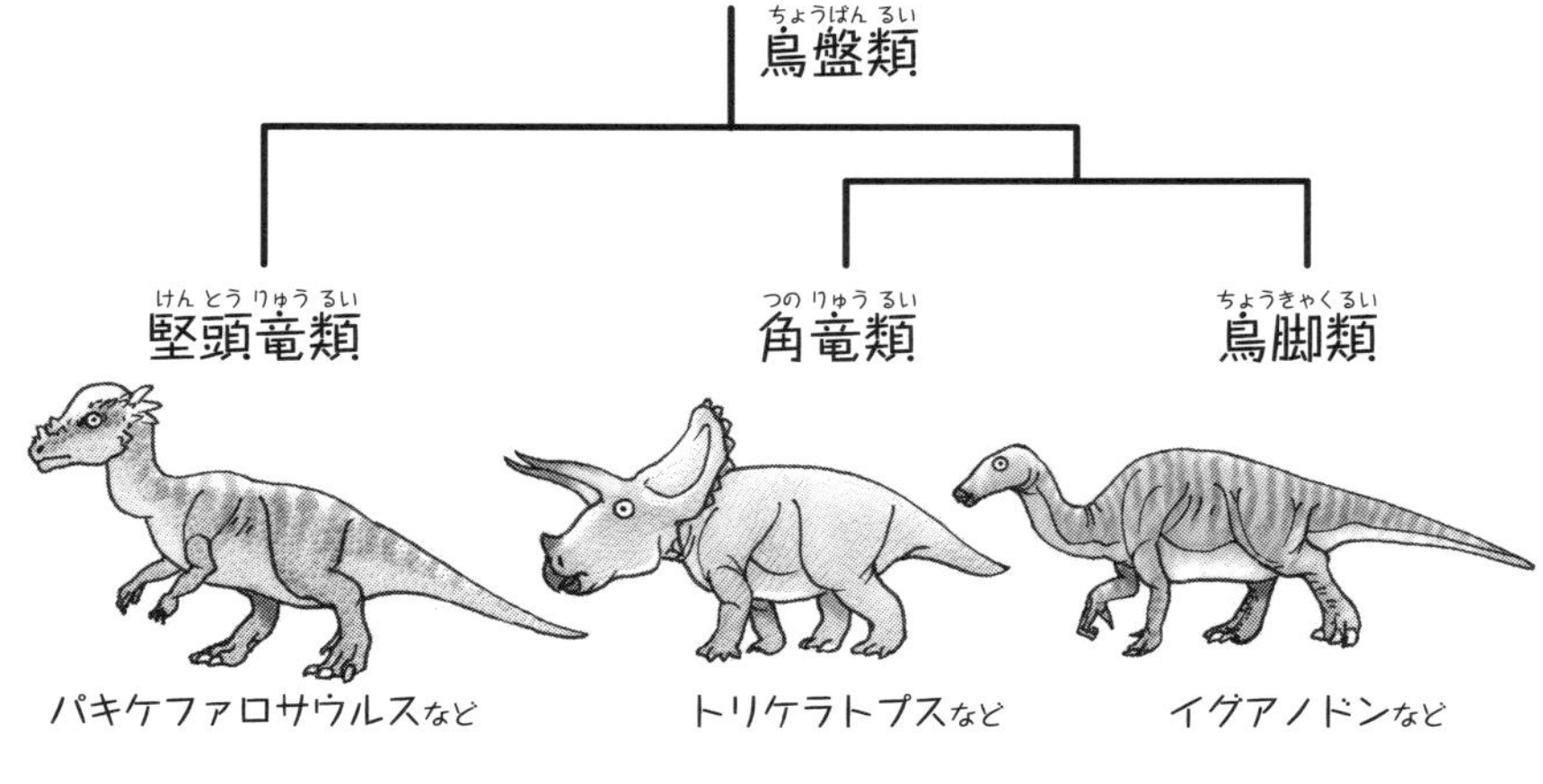

かもしれません。

古生物学者《こせいぶつがくしゃ》の中《なか》には、昆虫《こんちゅう》も食《た》べたのではないかという人《ひと》もいます。

さて、問題《もんだい》は、そのきみょうな石頭《いしあたま》です。いったい、なんのために、そんなにかたく、ぶあつい骨《ほね》で、頭《あたま》がおおわれていたのでしょうか……。

この本《ほん》のものがたりでは、おすとおすがたたかうとき、たがいに頭《あたま》をぶっつけあい、勝《しょう》負《ぶ》をきめたことになっています。

はじめ、ボスのジャンボに勝負《しょうぶ》をいどんだ

白亜紀《はくあき》に登場《とうじょう》した昆虫《こんちゅう》たち

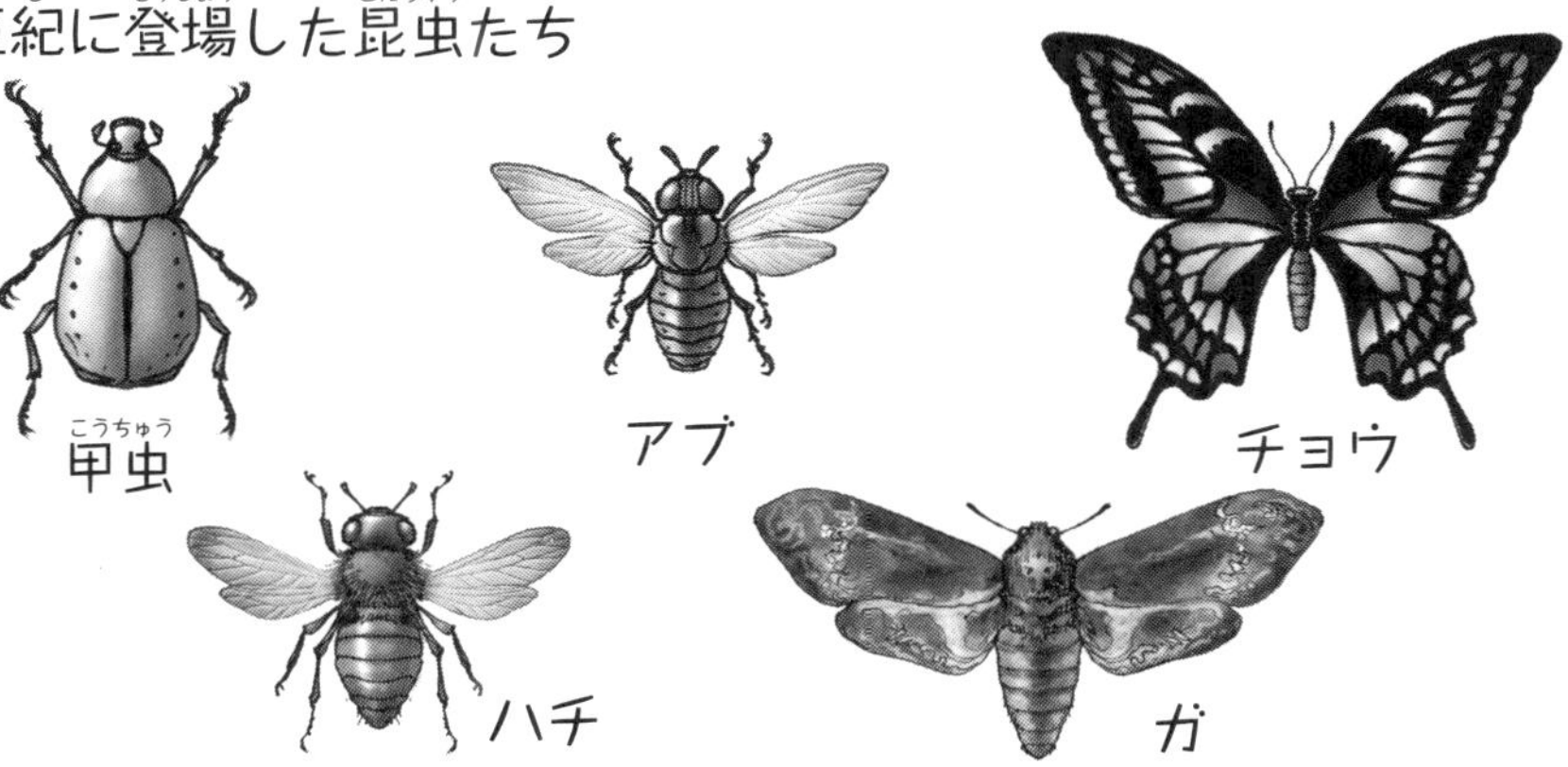

花《はな》を咲《さ》かせる植物《しょくぶつ》が登場《とうじょう》して、新《あたら》しい昆虫《こんちゅう》が増《ふ》えました

のは、わかいおすのデカでした。

デカは、ジャンボをたおし、なんとしてもボスの座《ざ》につきたかったのです。ボスの座《ざ》につかなければ、めすを、自分《じぶん》のおよめさんにすることはできません。

めすがほしければ、ボスのジャンボをたおさなければならないのです。

ほんとに、そんなことがあったのか……とみなさんは思《おも》うでしょう。

しかし、このお話《はなし》は、ただの想像《そうぞう》だけでつくったのではありません。

ライオンも ボスのオスがメスをひとりじめします

みなさんの、身近《みぢか》な動物《どうぶつ》で、たとえばシカを例《れい》にあげましょう。

野生《やせい》のシカは日本《にほん》にもいますが、このニホンジカは、たくさんのむれをつくって生活《せいかつ》をしています。しかし、むれはちゃんと、ボスにあたる強《つよ》いおすによって、ひきいられているのです。

ボスは、めすのシカをひとりじめにし、もし、ほかのおすが、横《よこ》どりでもしようものなら、角《つの》をふるってたたかいます。

結婚《けっこん》の季節《きせつ》をむかえると、めすがほしくな

ニホンジカ

ったわかいおすは、ボスにたたかいをいどみます。

ボスも、まけじとたたかいます。

角《つの》と角《つの》とをぶっつけあい、はげしくたたかうのです。

体《からだ》がたくましく、しかも大《おお》きな角《つの》を持《も》って、相手《あいて》をおしまくり、きずをおわせて、さいごには、そのたたかいに勝《か》ったほうが、そのむれのボスとなり、そして、めすを自分《じぶん》のものにできるのです。

パキケファロサウルスの石頭《いしあたま》は、つまり、

シカでいえば角《つの》にあたり、石頭《いしあたま》を使《つか》ってたたかって、勝負《しょうぶ》をきめたのではないか、という考《かんが》えがもとになって、この本《ほん》のものがたりができたわけです。

じつは、古生物学者《こせいぶつがくしゃ》の多《おお》くが、そんな考《かんが》えに立《た》って、パキケファロサウルスの石頭《いしあたま》を理《り》解《かい》しようとしています。

もっとも、古生物学者《こせいぶつがくしゃ》の中《なか》には、石頭《いしあたま》はぶっつけあうのに使《つか》ったのではなく、そのかっこうを相手《あいて》に見《み》せて、おどしをかけるだけのものだったのではないか、という考《かんが》えの人《ひと》も

あざやかな模様《もよう》がついていたかもしれません

います。

しかし、もしそうだとしたら、なにも、ぶあつく、がんじょうな石頭《いしあたま》でなくてもいいはずです。

あれだけ厚《あつ》い骨《ほね》でおおわれていたのは、ただ見《み》せかけだけのものではなかったはずです。わたしはやはり、じっさいに、頭《あたま》と頭《あたま》とをぶっつけあうためのものだったのではないかと思《おも》います。

だとすると、石頭《いしあたま》はおすだけのもので、めすにはなかったのか、というぎもんが、とう

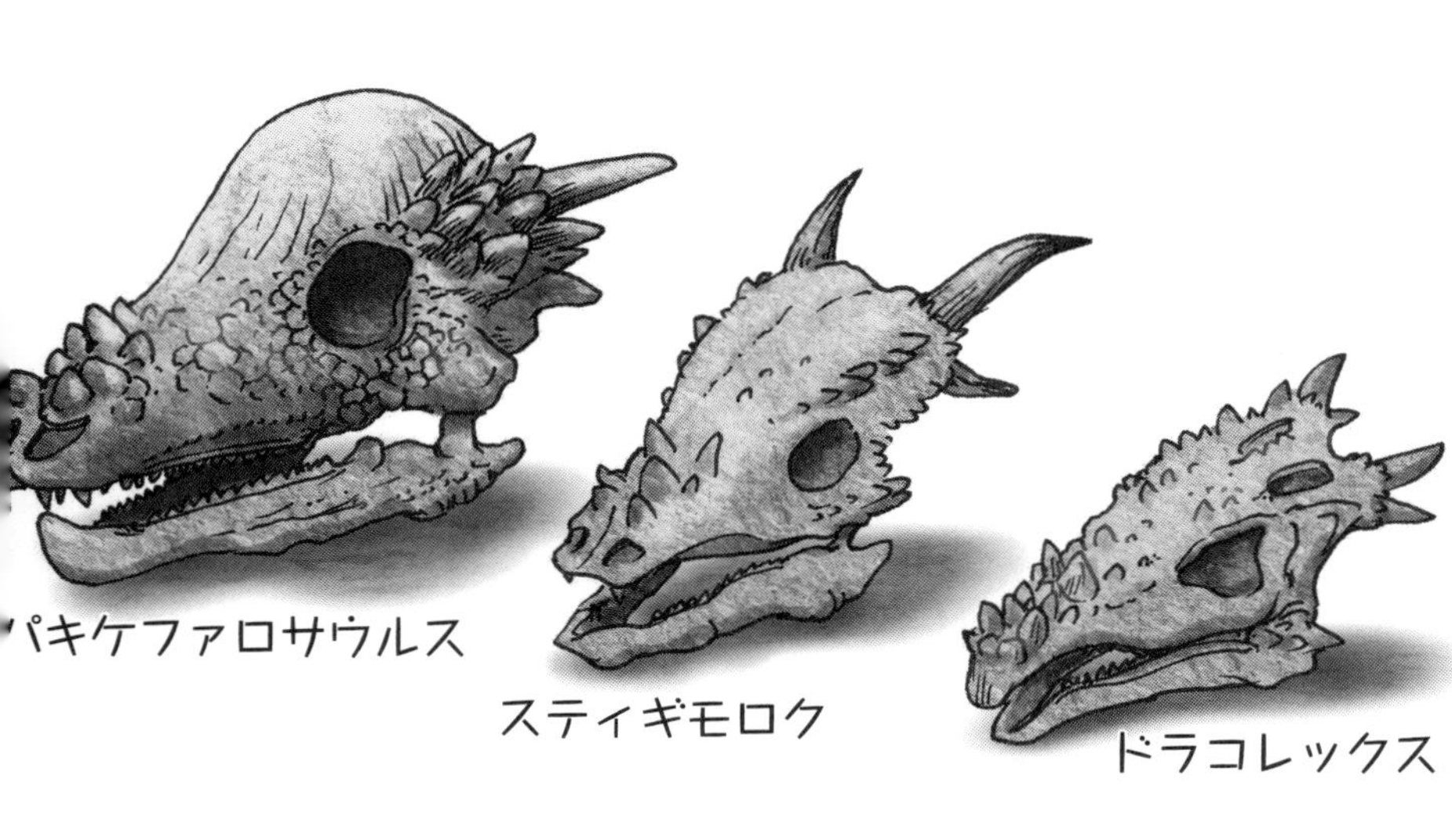

ぜんおこることでしょう。

ざんねんながら、発見《はっけん》された多《おお》くが化石《かせき》になった頭《あたま》の骨《ほね》だけなので、おす、めすのくべつがつきません。

ニホンジカの角《つの》は、おすだけにあり、めすにはありません。

ひょっとすると、パキケファロサウルスの石頭《いしあたま》は、おすだけのもので、めすは石頭《いしあたま》ではなかったのかもしれません。

しかし、このなぞは、そうかんたんにはとけないでしょう。

堅頭竜類《けんとうりゅうるい》の頭《あたま》の骨《ほね》

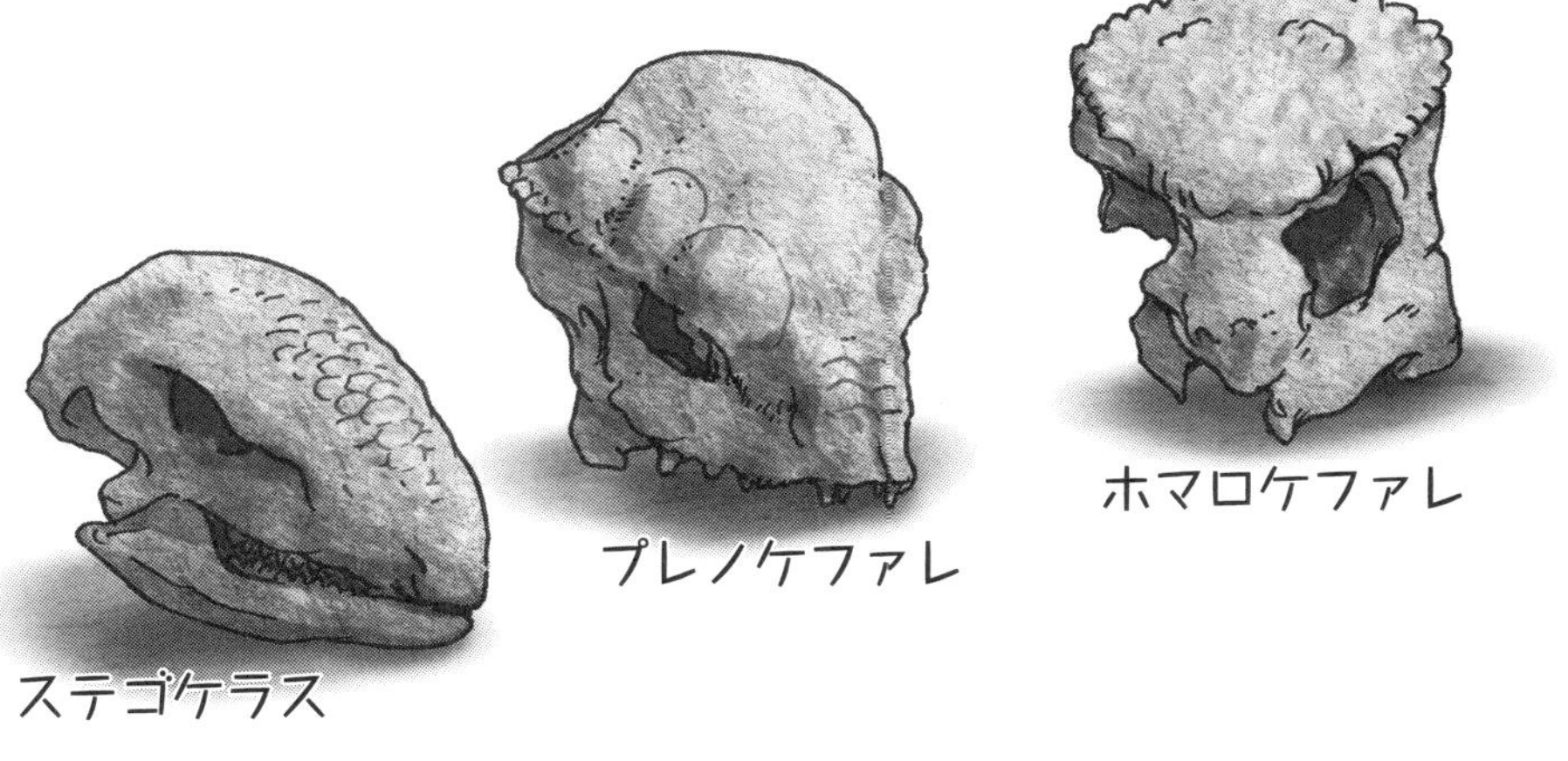

きょうりゅうのたたかい

さて、パキケファロサウルスが、石頭《いしあたま》をぶっつけあってたたかったとして、どんなたたかい方《かた》をしたのでしょうか……。

ものがたりでは、たがいに、にらみあったあと、さっととび出《だ》し、まずは頭《あたま》と頭《あたま》をぶっつけることになっています。

みなさんはテレビなどで、闘牛《とうぎゅう》をごらんになったことがありますか？

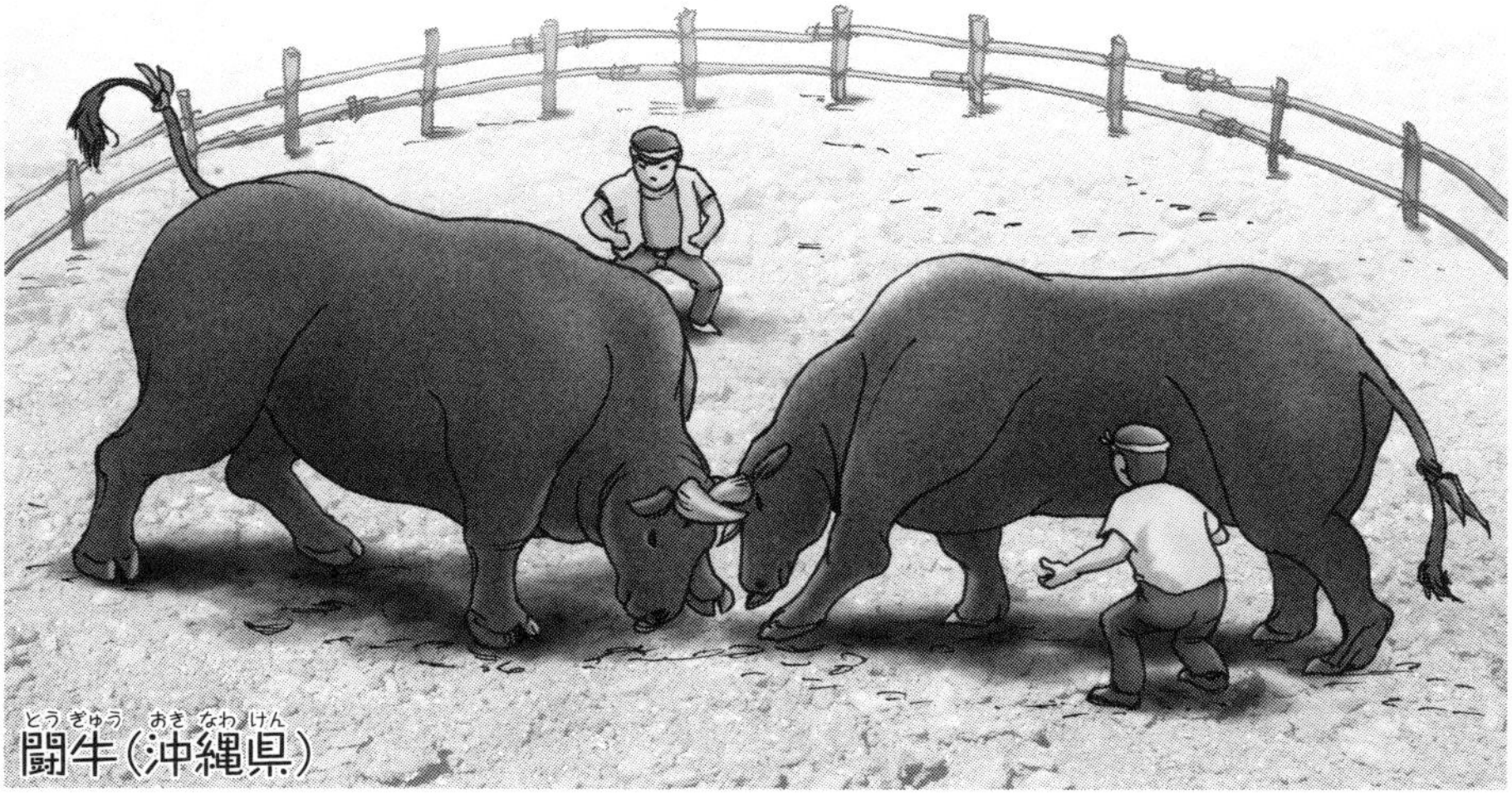

闘牛《とうぎゅう》（沖縄県《おきなわけん》）

二頭《とう》のウシが、両方《りょうほう》にわかれて、まずは頭《あたま》をさげてとっしんし、角《つの》と角《つの》とをぶっつけあってたたかいます。

おそらく、そんなたたかい方《かた》をしたのではないでしょうか。ただ、むやみやたらと、ぶつかりあったわけでもないでしょう。

アメリカの古生物学者《こせいぶつがくしゃ》ランバート博士《はかせ》は、そのことについて、とてもおもしろいことを書《か》いています。

下《した》の図《ず》（ア）をごらんください。

この図《ず》は、パキケファロサウルスのなかま

（ア）

©David Lambert

のステゴケラスというきょうりゅうの、たたかい方《かた》をあらわしたものです。

（ア）について、ランバート博士《はかせ》はつぎのようにいっています。

「二ひきのステゴケラスが、まっこうから、しょうとつしている。このたたかいに勝《か》ったほうが、めすのむれを支配《しはい》したのだろう。

このような光景《こうけい》は、いまのロッキー山脈《さんみゃく》（北《きた》アメリカ西部《せいぶ》）のあたりで見《み》られる。そこでは、オオツノヒツジのおすが、同《おな》じように頭《あたま》をぶつけあう」

オオツノヒツジ の たたかい

つぎに（イ）です。

「ステゴケラスが頭《あたま》をぶつけあうとき、はげしいぶつかりの力《ちから》は、頭《あたま》の骨《ほね》のいちばん厚《あつ》いところから、背骨《せぼね》をまっすぐにとおって、脳《のう》や背骨《せぼね》が、ひどい痛手《いたで》をうけるようなことはなかった」（デビット・ランバート編《へん》、長谷川善和《はせがわよしかず》、真鍋真《まなべまこと》訳《やく》『恐竜《きょうりゅう》の百科《ひゃっか》』平凡社《へいぼんしゃ》）

ものがたりでは、主人公《しゅじんこう》パキケケがデカとたたかうところで、二頭《とう》がガツーンと頭《あたま》をぶつけあい、いっしゅんパキケケの頭《あたま》の中《なか》が、まっ暗《くら》になるところがありましたね。

（イ）

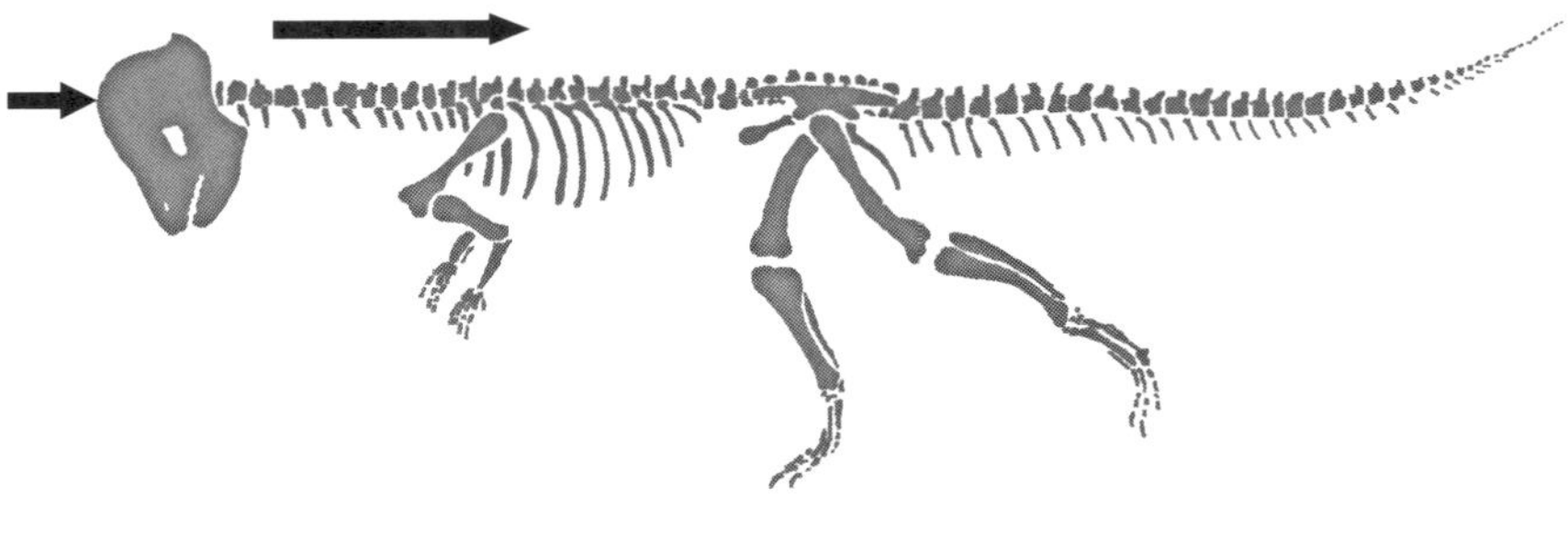

これはまったくの想像《そうぞう》でえがいたものですが、ひょっとしたらその一発《ぱつ》で、相手《あいて》が脳《のう》しんとうをおこして、ひっくりかえって、のびてしまうこともあったかもしれませんね。

ただパキケが、自分《じぶん》の石頭《いしあたま》をきたえるために、朝早《あさはや》くおきて、森《もり》の中《なか》で、木《き》に頭《あたま》をぶつけるところがありますが、あれは、あくまでもものがたりで、ドラマをもりあげるために勝手《かって》につくったものです。

シカやヤギなどは、自分《じぶん》の角《つの》を木《き》のみきなどにすりつけて、とぐ習性《しゅうせい》があります。

ニホンジカの角《つの》とぎ

パキケファロサウルスも成長《せいちょう》する中《なか》で、頭《あたま》をなにかにぶつけて、きたえることはあったかもしれません。そんなことを想像《そうぞう》しながら、ものがたりの中《なか》に加《くわ》えました。

また、この本《ほん》だけではありませんが、ものがたりを書《か》くのに、いちばん苦心《くしん》するのは、きょうりゅうの声《こえ》です。

たとえば「ゴーッ！　ゴゴゴゴーッ！」なんてなき声《ごえ》が、ものがたりのいちばんさいしょに出《で》てきます。

（やれやれっ、ぶっとばせ！）なんていう意《い》

木にのこった角《つの》とぎの あと

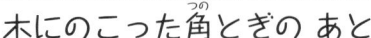

味《み》が、カッコの中《なか》につけられていますが、すべてはつくり話《ばなし》です。でも、ものがたりを楽《たの》しくするために、いろいろ苦心《くしん》したなき声《ごえ》や、ほえ声《ごえ》を考《かんが》えるのもたいへんです。

それでも、きょうりゅうは、まったく声《こえ》を出《だ》さなかったのかといえば、そうではないでしょう。

とくに怒《いか》りのはげしいときは、なんらかの声《こえ》を出《だ》し、相手《あいて》をおどしたりしたのではないか、と思《おも》われます。

ものがたりの中《なか》で、パキケたちはボスのジ

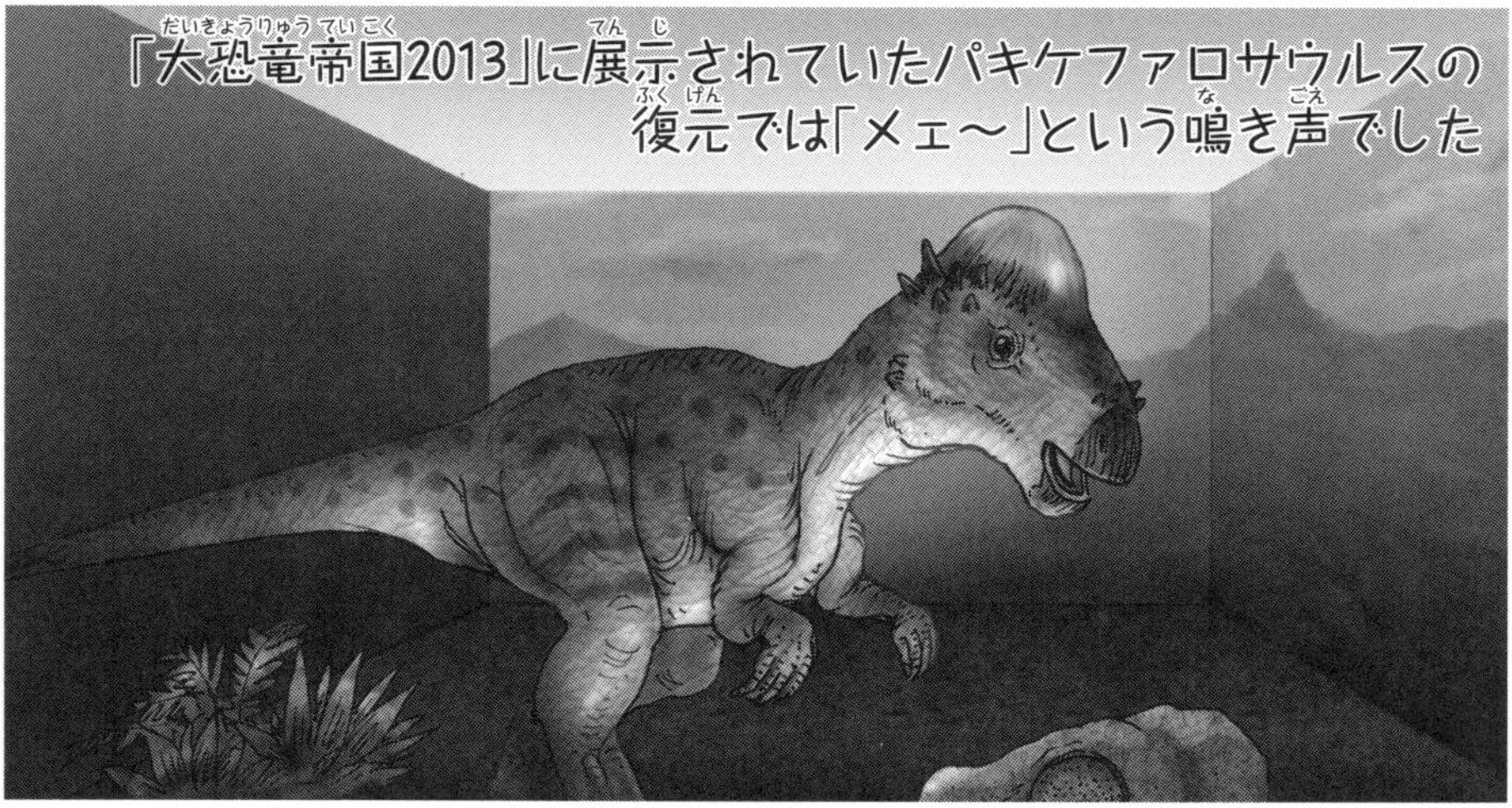

「大恐竜帝国《だいきょうりゅうていこく》2013」に展示《てんじ》されていたパキケファロサウルスの復元《ふくげん》では「メェ〜」という鳴《な》き声《ごえ》でした

ヤンボにひきいられて、なかまといっしょに行動《こうどう》します。

そしてパキケが、デカとのたたかいに勝《か》ち、自分《じぶん》がボスの座《ざ》につくと、こんどはみんなをひきつれて、食《た》べ物《もの》のあるしげみにおりていきます。

みなさんがよく知《し》っている、草食《そうしょく》のウマやシカやゾウなどは、みんなむれをつくり、ボスにひきいられて行動《こうどう》します。

そうしていないと、おそろしい肉食《にくしょく》のライオンやオオカミなどから、身《み》を守《まも》ることがで

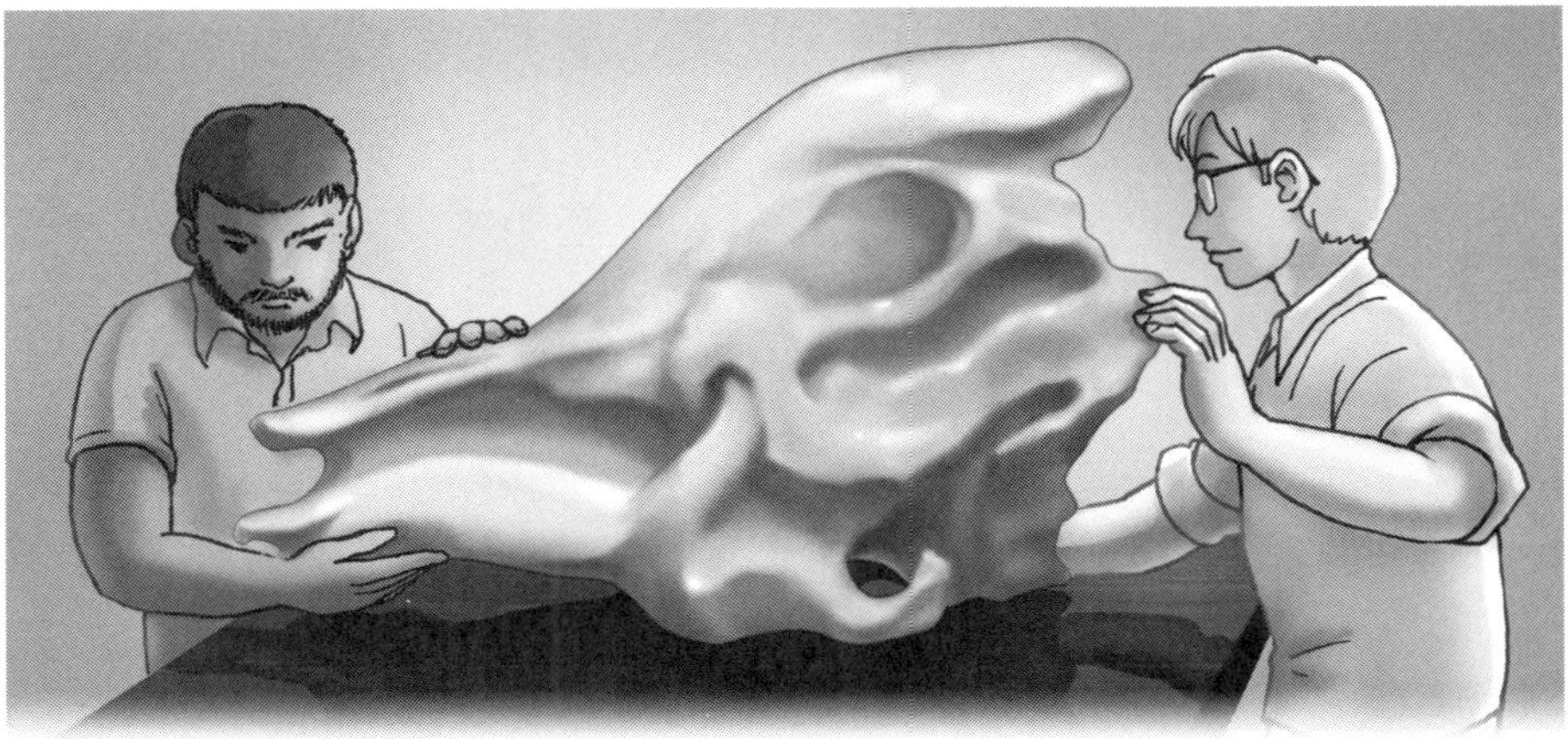

3Dプリンターで復元《ふくげん》した骨格《こっかく》を使《つか》っての研究《けんきゅう》も行《おこな》われています

きないからです。

おそらく、きょうりゅうの時代《じだい》にも、パキケファロサウルスのような草食《そうしょく》のきょうりゅうたちは、なかまがひとかたまりになり、ボスにひきいられて行動《こうどう》したでしょう。

古生物学者《こせいぶつがくしゃ》は、パキケファロサウルスは、なかまや家族《かぞく》たんいで、かたまってうごきまわっただろう、といっています。

ものがたりでは、ボスのジャンボが、ゴルゴサウルスという肉食《にくしょく》のきょうりゅうにおそわれ、さいごにとうとう死《し》んでしまいます。

おそらく、そうしたかなしいできごとは、いくどとなくおきたことでしょう。でも、あるときは、その石頭《いしあたま》を使《つか》い、肉食《にくしょく》きょうりゅうを相手《あいて》に、ゆうかんにたたかうこともあったかもしれません。古生物学者《こせいぶつがくしゃ》の中《なか》には、パキケファロサウルスの石頭《いしあたま》は、敵《てき》から身《み》を守《まも》るためのもので、おす、めすのくべつなく、同《おな》じようにかたく、厚《あつ》い骨《ほね》でできていた、という人《ひと》もいます。

バッファローというウシは、草《くさ》を食《た》べる動《どう》物《ぶつ》ですが、ライオンにおそわれたときは、そ

の角《つの》を使《つか》ってゆうかんに立《た》ちむかい、ときには、反対《はんたい》にライオンをたおすことがあります。

ひょっとするとパキケファロサウルスも、肉食《にくしょく》きょうりゅうにおそわれて、かたい石頭《いしあたま》で立《た》ちむかうことがあったかもしれません。

石頭《いしあたま》のなかまたち

さて、パキケファロサウルスのいた白亜紀《はくあき》後期《こうき》には、同《おな》じような石頭《いしあたま》のなかまたちがいました。

ライオンも水牛《すいぎゅう》のむれからは逃《に》げだします

その骨《ほね》の化石《かせき》は、おもに北《きた》アメリカとアジア（中国《ちゅうごく》）から見《み》つかっています。

いまのところ、いちばん古《ふる》い堅頭竜類《けんとうりゅうるい》の祖《そ》先《せん》が、どんなきょうりゅうだったのかは、まだつきとめられていません。

しかし、パキケファロサウルスの祖先《そせん》にあたるきょうりゅうや、同《おな》じなかまの石頭《いしあたま》きょうりゅうの化石《かせき》は、あちこちで発見《はっけん》されているのです。

これから、そのいくつかをしょうかいしていきましょう。

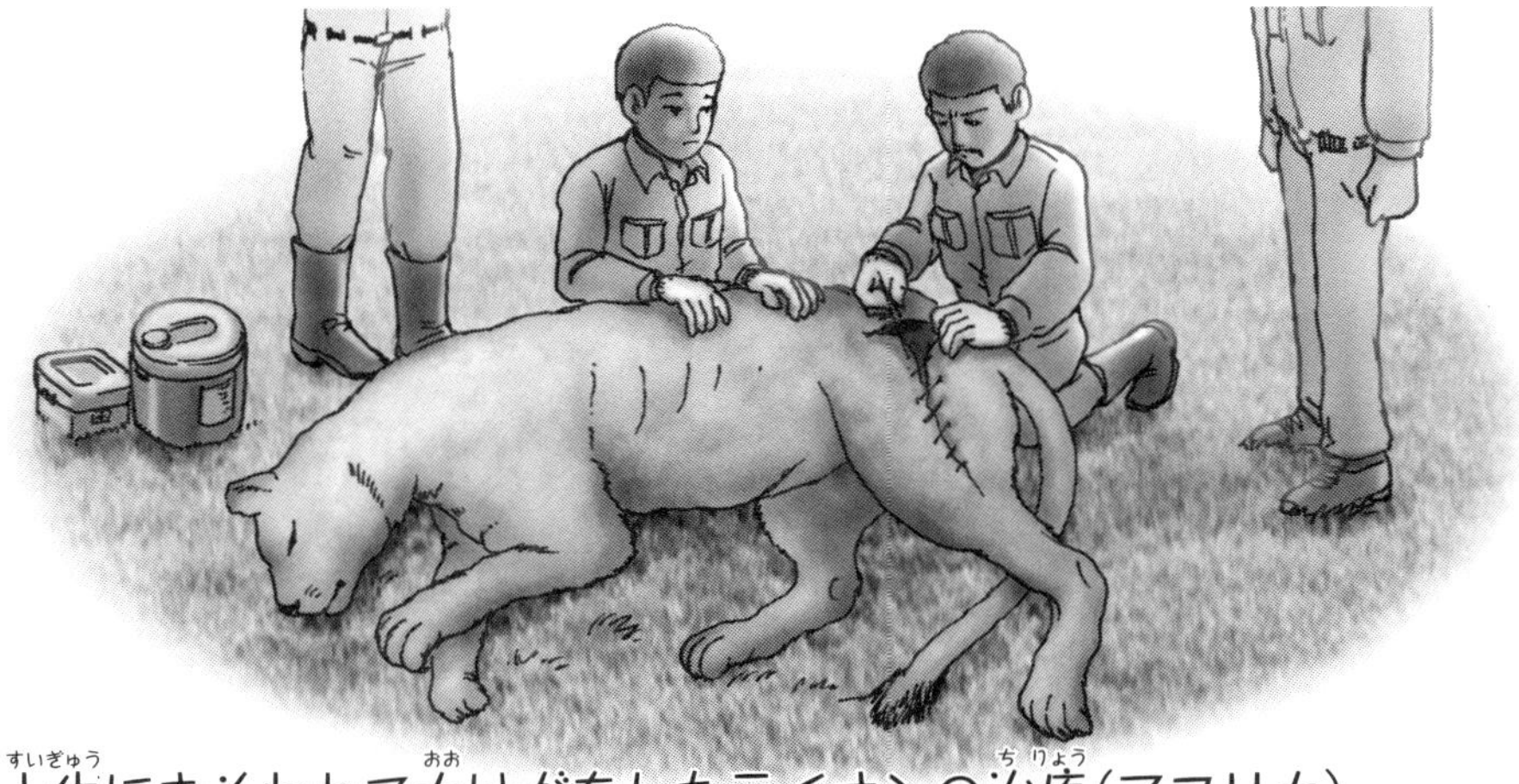

水牛《すいぎゅう》におそわれて大《おお》けがをしたライオンの治療《ちりょう》（アフリカ）

ステゴケラス

カナダのアルバータ州《しゅう》で、頭骨《とうこつ》や体《からだ》の各部《かくぶ》が見《み》つかり、小型《こがた》のパキケファロサウルスのなかまだということが明《あき》らかになりました。

ステゴケラスとは、「角《つの》のある天井《てんじょう》」という意味《いみ》です。

というのは、頭《あたま》の骨《ほね》のいちばん上《うえ》、つまり家《いえ》でいう「天井《てんじょう》」の部分《ぶぶん》が、ちょうどドームのようにまるくなっていて、かたく厚《あつ》い骨《ほね》でできているからです。

しかしパキケファロサウルスの頭《あたま》とくらべ

ステゴケラスの復元模型《ふくげんもけい》

ると、四分《ぶん》の一ほどの大《おお》きさしかなく、顔《かお》がずっとみじかくできています。

　これまで発見《はっけん》された堅頭竜類《けんとうりゅうるい》の頭骨《とうこつ》には、ドーム状《じょう》のものと、ひくく平《たい》らなものの二つのタイプがあり、これはおす・めすのちがいをしめすものか、あるいはその幼体《ようたい》（子《こ》ども）と考《かんが》えられています。

　ステゴケラスの体長《たいちょう》は、二〜三メートルほど。きわめて小《ちい》さな前足《まえあし》にくらべて、うしろ足《あし》は長《なが》く、二本足《ほんあし》で歩《ある》き、走《はし》るのにてきした体《からだ》をしていました。

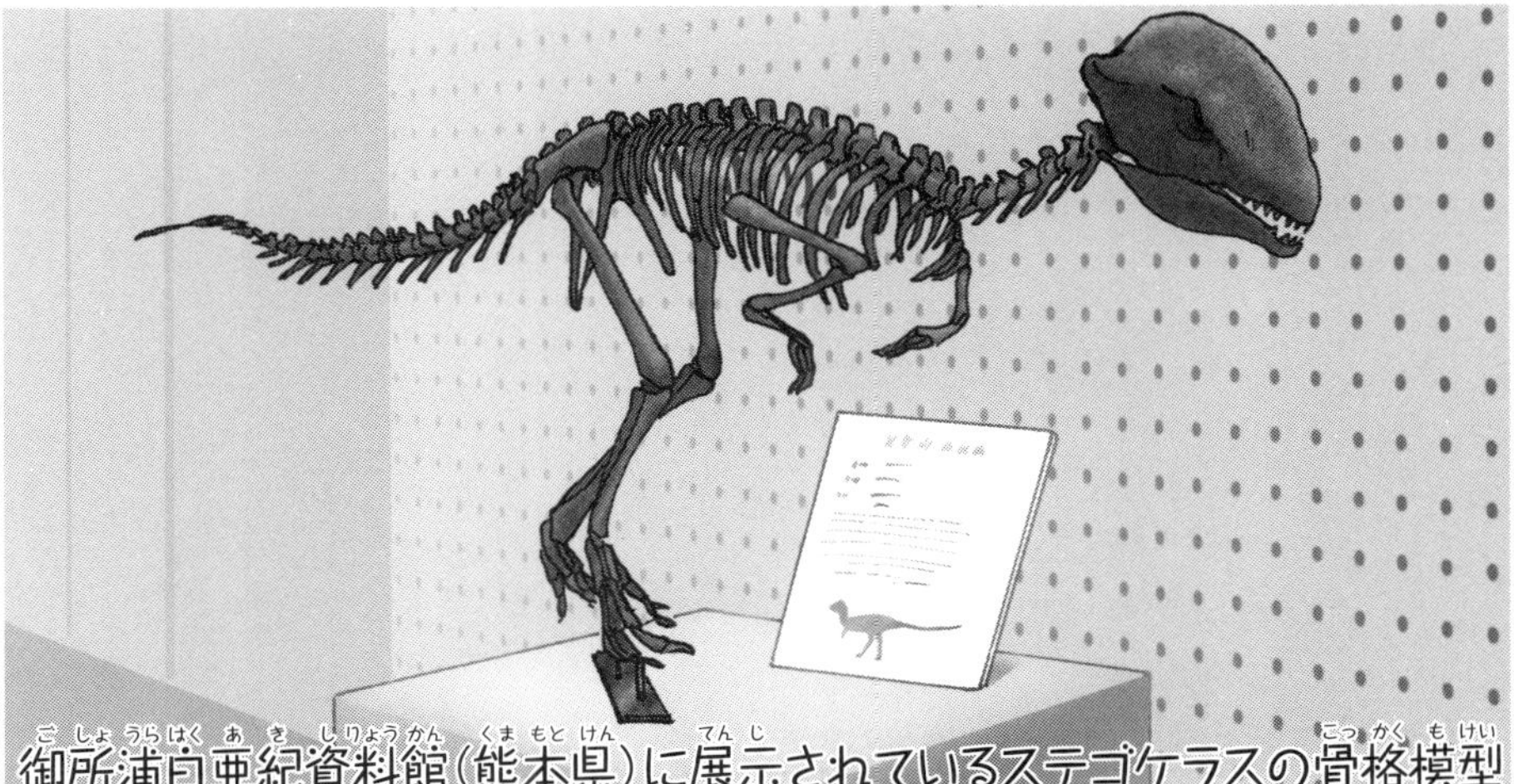
御所浦白亜紀資料館《ごしょうらはくあきしりょうかん》（熊本県《くまもとけん》）に展示《てんじ》されているステゴケラスの骨格模型《こっかくもけい》

ノコギリ状《じょう》の歯《は》の中《なか》に、するどいキバを持《も》っていたことから、雑食《ざっしょく》だったのではないかともいわれています。

プレノケファレ

ドーム状《じょう》の頭骨《とうこつ》を持《も》つ堅頭竜類《けんとうりゅうるい》のなかまには、プレノケファレがいます。

モンゴルやアメリカ南西部《なんせいぶ》から、頭骨《とうこつ》と少《すこ》しの体《からだ》の一部《ぶ》が発見《はっけん》されているだけで、復元《ふくげん》するとすれば、ほかの堅頭竜類《けんとうりゅうるい》と同《おな》じように、みじかく太《ふと》い首《くび》、みじかい前足《まえあし》、長《なが》いうしろ足《あし》といった体形《たいけい》になるのでしょう。

ホマロケファレ（奥《おく》）とプレノケファレ（手前《てまえ》）の復元模型《ふくげんもけい》

まるい頭部《とうぶ》の前方《ぜんぽう》には傾斜《けいしゃ》があり、小《ちい》さな骨《ほね》のスパイクとコブがならんでいます。体《からだ》の長《なが》さは二・五メートル、体重《たいじゅう》は一三〇キロくらいと考《かんが》えられています。

ホマロケファレ

プレノケファレのなかまには、ホマロケファレという堅頭竜類《けんとうりゅうるい》がいますが、こちらの頭《あたま》は平《たい》らでクサビ型《がた》をしており、最近《さいきん》の研究《けんきゅう》ではプレノケファレの幼体《ようたい》（成長段階《せいちょうだんかい》の子《こ》ども）ではなかったか、と考《かんが》えられるようになりました。

堅頭竜類《けんとうりゅうるい》の名前《なまえ》の意味《いみ》

- **パキケファロサウルス**……厚《あつ》いあたまのトカゲ
- **スティギモロク**……三途《さんず》の川《かわ》の悪魔《あくま》
- **ステゴケラス**……角《つの》のある かたい頭《あたま》
- **プレノケファレ**……かたむいている頭《あたま》
- **ホマロケファレ**……たいらな頭《あたま》
- **ドラコレックス・ホグワーツィア**……ホグワーツのドラゴン王《おう》

スティギモロク

同《おな》じ堅頭竜類《けんとうりゅうるい》のきょうりゅうの中《なか》でも、ひときわかわった頭《あたま》のかたちをしているのが、スティギモロクです。

アメリカのモンタナ州《しゅう》で見《み》つかった頭骨《とうこつ》は、長《なが》さ四六センチメートルもあり、これより大《おお》きいのはパキケファロサウルスだけです。

同《おな》じ堅頭竜類《けんとうりゅうるい》とちがうのは、ドームの大《おお》きさがすこし小《ちい》さく、側面《そくめん》にかけてやや平《たい》らになっていますが、頭《あたま》のうしろに大《おお》きな角《つの》と、鼻《はな》の上《うえ》から側面《そくめん》にかけて、たくさんのトゲが

スティギモロクの復《ふく》元《げん》模《も》型《けい》

顔《かお》をおおっていることです。大《おお》きい角《つの》は太《ふと》さ五センチ、長《なが》さ一五センチもあり、そのまわりから鼻《はな》にかけて、大小《だいしょう》のトゲをびっしり生《は》やして、かざりつけているのです。

見《み》るからにこわい顔《かお》ですが、この顔《かお》と角《つの》でめすの取《と》り合《あ》いをしたり、頭《あたま》でおしあいをしたのでしょうか。

ところが最近《さいきん》になって、スティギモロクはパキケファロサウスの幼体《ようたい》である、という説《せつ》もあらわれました。

映画《えいが》「ハリー・ポッター」に出《で》てきそうな姿《すがた》から「ホグワーツのドラゴン王《おう》」という名前《なまえ》をつけられたドラコレックスも、パキケファロサウルスの幼体《ようたい》という説《せつ》があります

それどころか、「すべての平《たい》らな頭骨《とうこつ》を持《も》つ堅頭竜類《けんとうりゅうるい》は幼体《ようたい》である」というのです。

これから一体《いったい》、どうなるのでしょう。

おそろしい敵《てき》、ゴルゴサウルス

さいごに、ものがたりの中《なか》で、ボスのジャンボをおそったゴルゴサウルスについて、ふれておきましょう。

ゴルゴサウルスは、このシリーズの『ティラノサウルス』で大《おお》あばれした、肉食《にくしょく》きょう

ゴルゴサウルスの化石《かせき》

りゅうティラノサウルスのなかまです。

ティラノサウルスにくらべ、やや小《ちい》さく、体長《たいちょう》は大《おお》きなものでも九メートルくらいでした。体高《たいこう》は約《やく》三メートル、体重《たいじゅう》は二・五トンと推定《すいてい》されています。

がんじょうな頭骨《とうこつ》にはするどい歯《は》があり、三本《ぼん》指《ゆび》のつめを持《も》った、がっしりとした足《あし》と、長《なが》い尾《お》で体《からだ》をささえ、前《まえ》かがみのようなしせいで、歩《ある》いたり走《はし》ったりしたと考《かん》えられています。

古生物学者《こせいぶつがくしゃ》によっては、ゴルゴサウルスは、

ゴルゴサウルスの復元模型《ふくげんもけい》

そんなに足《あし》の速《はや》いきょうりゅうではなく、体《からだ》を休《やす》めるときは、地面《じめん》にぺたんと腹《はら》ばいになったのではないかという人《ひと》もいます。前足《まえあし》はきょくたんに小《ちい》さくて、体《からだ》のつくり全体《ぜんたい》からして、水中生活《すいちゅうせいかつ》にはまったくふむきだったと考《かんが》えられています。

　ものがたりの中《なか》で、せっかくかみついたボスのジャンボをのがし、あとを追《お》っかけて、水《みず》を見《み》たとたんに、ギクッ！　として立《た》ちどまるところがありましたが、おそらく水《みず》はにがてだったにちがいありません。

タルボサウルス（モンゴル）

それにしても、パキケファロサウルスがいた七千万年前《せんまんねんまえ》から六千《せん》五、六百万年前《ぴゃくまんねんまえ》の白亜《はくあ》紀後期《きこうき》には、ゴルゴサウルスをはじめ、おそろしい肉食《にくしょく》きょうりゅうたちがいました。

北《きた》アメリカで発見《はっけん》されたティラノサウルスも、ゴルゴサウルスと同《おな》じように、パキケファロサウルスにとっては、もっともおそろしい敵《てき》だったことでしょう。

ティラノサウルスのなかまは、アジアのモンゴルにもいました。それがタルボサウルスです。

白亜紀後期《はくあきこうき》の肉食《にくしょく》きょうりゅうたち

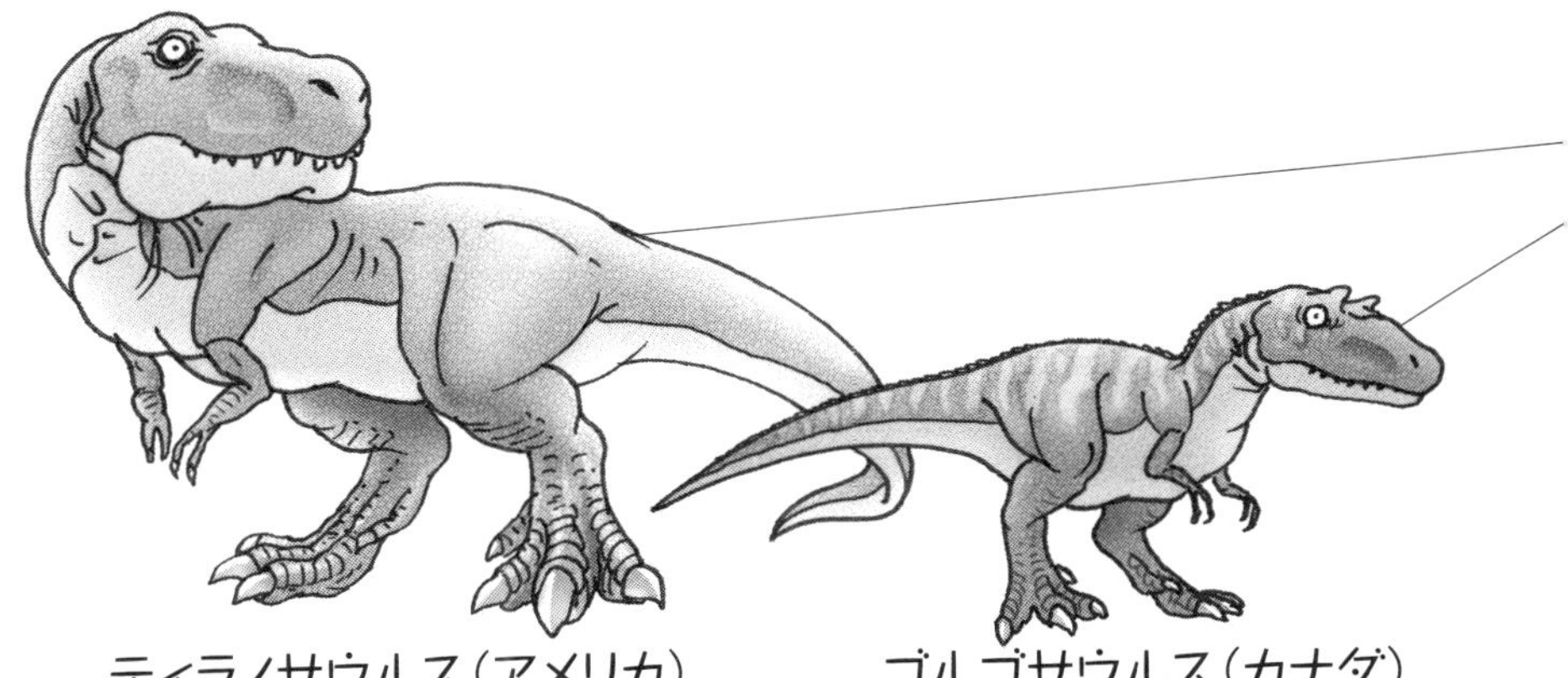

タルボサウルスは、これまでアジアで発見《はっけん》された肉食《にくしょく》きょうりゅうの中《なか》では、もっとも大《おお》きく、おそろしいあばれんぼうでした。全長《ぜんちょう》一〇～一二メートル、体重《たいじゅう》は四～五トン、ティラノサウルスと同《おな》じくらいの大《おお》きさでした。

タルボサウルスの骨《ほね》の実物《じつぶつ》や模型《もけい》は、静岡《しずおか》市《し》にある東海大学自然史博物館《とうかいだいがくしぜんしはくぶつかん》や、全国各地《ぜんこくかくち》の博物館《はくぶつかん》に展示《てんじ》されています。

国立科学博物館《こくりつかがくはくぶつかん》に展示《てんじ》されていたタルボサウルスの骨格模型《こっかくもけい》

たかしよいち
1928年熊本県生まれ。児童文学作家。壮大なスケールの冒険物語、考古学への心おどる案内の書など多くの作品がある。主な著作に『埋ずもれた日本』(日本児童文学者協会賞)、『竜のいる島』(サンケイ児童図書出版文化賞・国際アンデルセン賞優良作品)、『狩人タロの冒険』などのほか、漫画の原作として「まんが化石動物記」シリーズ、「まんが世界ふしぎ物語」シリーズなどがある。

中山けーしょー
1962年東京都生まれ。本の挿絵やゲームのイラストレーションを手がける。主な作品に、小前亮の「三国志」シリーズ、「逆転！痛快！日本の合戦」シリーズなどがある。現在は、岐阜県在住。

◇本書は、2001年8月に刊行された「まんがなぞとき恐竜大行進 10 ふんばるぞ！パキケファロサウルス」を、最新情報にもとづき改稿し、新しいイラストレーションによってリニューアルしました。

新版なぞとき恐竜大行進
パキケファロサウルス 石頭と速い足でたたかえ！

2016年10月初版
2021年 9 月第2刷発行

文　たかしよいち
絵　中山けーしょー
発行者　内田克幸
発行所　株式会社理論社
〒101-0062 東京都千代田区神田駿河台 2-5
電話［営業］03-6264-8890［編集］03-6264-8891
URL https://www.rironsha.com

企画…………山村光司
編集・制作…大石好文
デザイン……新川春男（市川事務所）
組版…………アズワン
印刷・製本…中央精版印刷
制作協力……小宮山民人

ISBN978-4-652-20153-4 NDC457 A5変型判 21cm 86P

遠いとおい大昔、およそ１億６千万年にもわたって
たくさんの恐竜たちが生きていた時代——。
かれらはそのころ、なにを食べ、どんなくらしをし、
どのように子を育て、たたかいながら……
長い世紀を生きのびたのでしょう。
恐竜なんでも博士・たかしよいち先生が、
新発見のデータをもとに痛快にえがく
「なぞとき恐竜大行進」シリーズが、
新版になって、ゾクゾク登場!!

新版 なぞとき恐竜大行進

第Ⅰ期 全5巻

①フクイリュウ　福井で発見された草食竜
②アロサウルス　あばれんぼうの大型肉食獣
③ティラノサウルス　史上最強！恐竜の王者
④マイアサウラ　子育てをした草食竜
⑤マメンチサウルス　中国にいた最大級の草食竜

第Ⅱ期 全5巻

⑥アルゼンチノサウルス　これが超巨大竜だ！
⑦ステゴサウルス　背びれがじまんの剣竜
⑧アパトサウルス　ムチの尾をもつカミナリ竜
⑨メガロサウルス　世界で初めて見つかった肉食獣
⑩パキケファロサウルス　石頭と速い足でたたかえ！

第Ⅲ期 全5巻

⑪アンキロサウルス　よろいをつけた恐竜
⑫パラサウロロフス　なぞのトサカをもつ恐竜
⑬オルニトミムス　ダチョウの足をもつ羽毛恐竜
⑭プテラノドン　空を飛べ！巨大翼竜
⑮フタバスズキリュウ　日本の海にいた首長竜